只用手臂和手指！

无针编织

时尚单品35款

〔英〕劳拉·斯特拉特　著
李玉珍　译

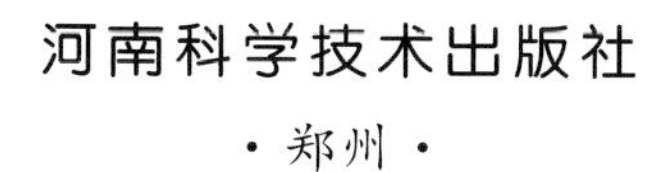

·郑州·

打破普通针号的限制，只用手臂和手指就能迅速学会无针编织方法。

本书的开始部分，劳拉·斯特拉特向你展示了如何只用手臂和手指就能编织出各种基础针法和编织技术，从简单的上针、下针、平针、起伏针，到加针、减针、桂花针、绞花，以及合股编织等，每一个步骤都配有图示和编织说明。另外，作者还介绍了用 2 根、3 根或 4 根手指进行编织的方法。

为了充分呈现手臂编织和手指编织的独特质感，劳拉还设计了 35 款时尚单品供大家学习编织，由家居用品和穿戴用品组成，包括手臂编织的围巾和盖毯、简单舒适的凳子套、保暖的坎肩型马甲，以及能在 1 小时内完工的披肩等。如果你想试试手指编织，你可以快速编织出浴室防滑垫、置物蓝、花环、项链、手镯、手包等。

这 35 款时尚单品都很容易织就，能在短时间内完成。书中还开设了“个性化编织”版块，介绍改变线的颜色、股数甚至种类，来设计出真正个性化作品的方法。手臂编织和手指编织能在短时间内取得令人惊叹的成果，如此有趣也不足为奇了！！

作者简介

劳拉·斯特拉特曾是《手工艺》杂志的编辑，还创办了《缝纫》杂志，并负责《缝纫》杂志的编辑工作至 2012 年。她对各种手工都很感兴趣，并在她的网站 www.madepeachy.com 上与大家分享她的技艺和最新发现。她还是《缝纫手册》和《婚礼 DIY 手册》这两本书的作者。劳拉住在英国埃塞克斯郡的科尔切斯特市。

目录

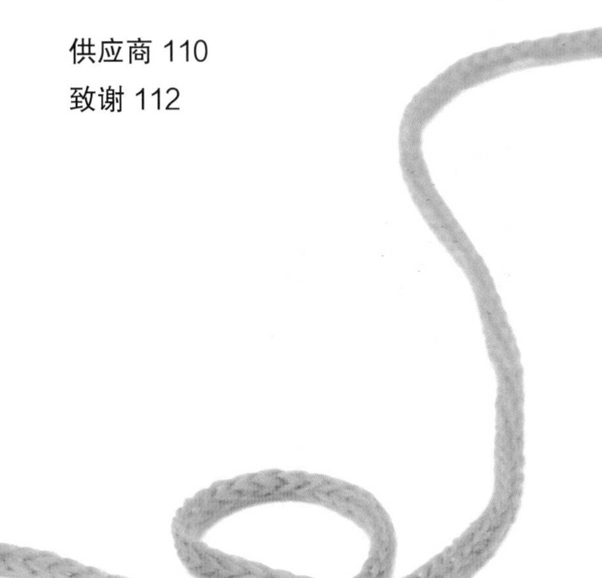

引言

现在的毛线多种多样，越来越吸引人，这并不足为奇！能创造性地利用业余时间编织自己的衣服、配饰和家居用品，非常有意义。这也是为你个性化的风格和环境打上独特的个人印记的绝佳方式。

对许多人来说，编织似乎很难，有些人因觉得手编作品费时而不喜欢编织。因为在小时候便学会了用棒针编织，所以我常常寻求新颖的方法用毛线为自己、为家庭编织漂亮的礼物。

不需要棒针，只用手臂和手指编织正迅速成为毛线创新使用的最热门方法。用手臂和手指编织非常新颖、有趣，能将一绞绞毛线迅速变成成品。用棒针编织需要测量密度，跟着图解细心编织，而用手臂编织则比普通的棒针编织更自由，也更自然。虽然同样要用到不少技法和针法，也要用到普通棒针编织的术语，但用手臂编织的织物尺寸比棒针编织的要大得多，即使是用最粗的棒针编织的织物也无法比拟，因此用手臂编织的织物表现出了某些特殊的风格。设计这些作品是为了启发大家尝试不同的技法。试着用这些技法设计出你自己的作品吧！

不管你是编织多年，还是被一排排诱人的毛线所诱惑，现在正是学习这种简单的无针编织方法的时候。只需几团毛线和自己的双手就能创造性地编织出引人注目的服饰、家居用品或者礼物。

祝大家编织快乐！

劳拉

工具和材料

毛线

手臂编织所使用的都是粗线或极粗线。用手臂代替棒针，用这些粗重的毛线织成的作品没有那么飘逸镂空。也可以用相同或不同的线合成 2 股或多股来编织，成品会有不一样的效果。

用手指编织可以选择不同的毛线——从 DK 线到极粗毛线都可以，要依据成品的密度来选。

带舌钩针

缝合或藏线头时，你会发现使用带舌钩针（右图）穿入极粗的毛线会比普通的缝衣针容易得多。钩针的钩子能将毛线带入缝衣针的针眼中，然后闭合，就可以缝合了。如果你喜欢的话，也可以用手指来藏线头。

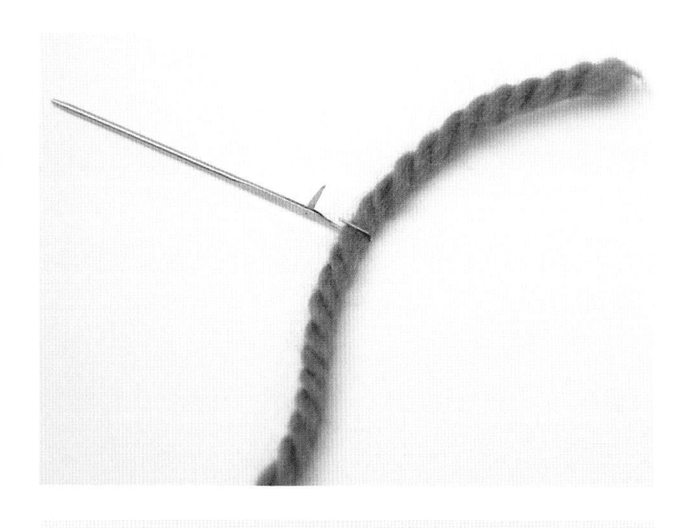

实用的术语

起针：**针迹的基础，依据这个基础开始编织。**

收针：**编织结束后，保护针迹，这样织物便不会散开。**

织线：**这是朝向线团的一段线，这么命名的原因是这是形成针迹的线。**

线头：**这指的是剪断线的一端，与织线一端相对。**

下针：**织的时候将毛线从 1 针的后面穿到前面。**

上针：**和下针编织方向相反，将毛线从 1 针的前面穿到后面。**

左下 2 针并 1 针：**减针方法，即将 2 针一起织，织成 1 针。**

1 针放 2 针：**加针方法，即 1 针的前环和后环各织 1 针。**

手臂编织方法

一旦你明白编织方法，无针编织就很简单呢！不需要准备很多工具就可以开始，不过以下这些小窍门有助于学习这种编织方法。我最喜欢手臂编织是因为不仅可以迅速织完一件表现大胆的作品，而且能非常快地学会，不知不觉中，编织的手势和动作就很顺了！

长尾起针法

大部分手臂编织作品都用长尾起针法起针，即从线团中抽出一段线，用这段线来起针。用长尾起针法起针，织成的作品的底边坚固耐用。

1 开始是先打一个活结。从线团中抽出一段线，每 10 针大概需要 1~2 个手臂长度的线。

2 用抽出的那段线(线头)的另一端，即织线那端做一个线圈，捏住线圈，把织线穿过线圈，牢牢抓住这部分，同时拉两个线头，从而将活结固定好。

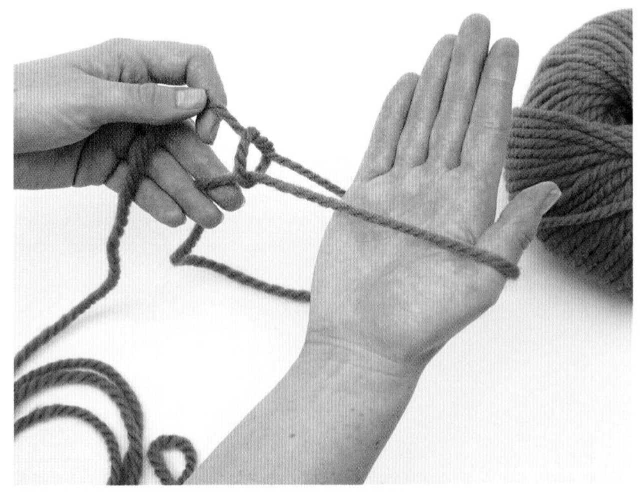

3 将活结从右手滑到右手腕上，调整毛线的长短，从而使活结紧贴在手腕上。线的两端会垂在手臂下，整理一下，把线头放在左边，织线放在右边。将线固定好位置后，就可以开始起针了。

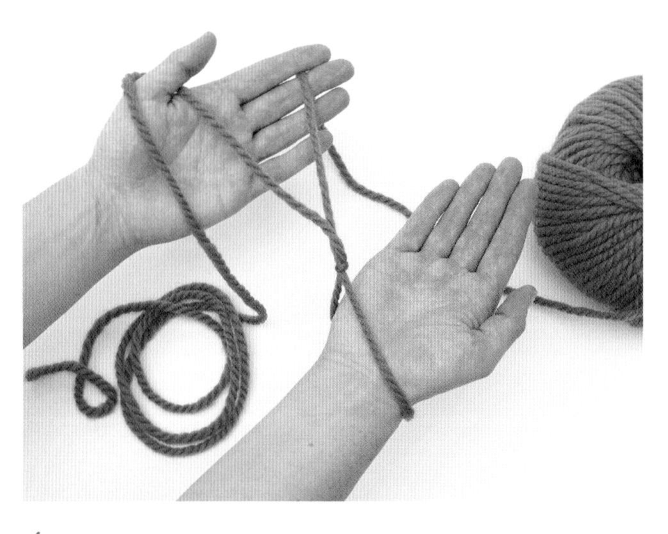

4 将线头放在左手手掌上，往左手拇指绕一圈，线头会在线圈的下面，紧靠在手腕边。

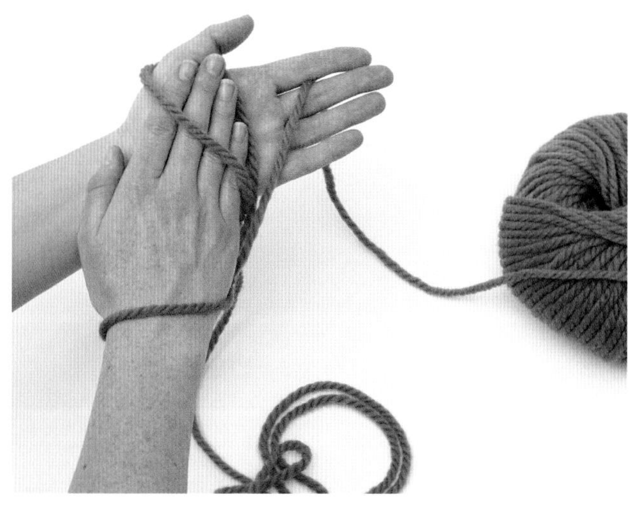

5 右手从下面穿过左手线圈较低的部分，再从线圈较高的部分穿出来。

6 捏住织线，从线圈里面拉出左手掌上面的织线。

7 这将是 1 针，这 1 针穿过线圈到右手手掌上后，再滑到右手腕上。

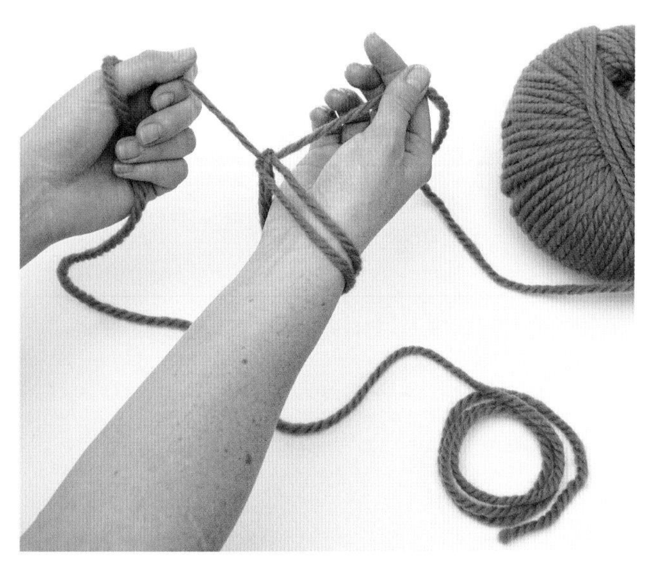

8 依次拉紧线头和织线，将这 1 针紧贴在手腕上。

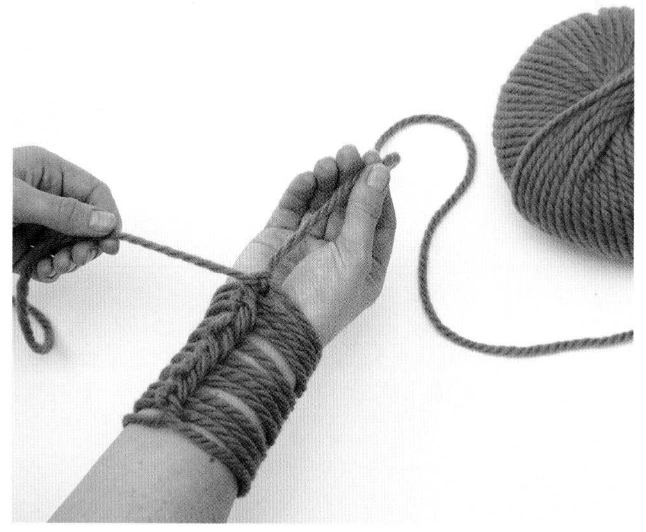

9 重复以上几个步骤，起好需要的针数，把之前的针数滑到手臂上，以腾出空间。

防解别针

本书作品编织简单快速——许多作品最多需要两三个小时。然而有时候可能会需要中途暂停编织。因为织物是放在手臂上的，织完一行后将作品暂时存放起来并不简单。如果一件作品中途需要暂停编织，可以制作一个手臂编织防解别针，用一条厚皮带或一段粗废线即可。织完一行后，用手抓住皮带或废线的一端，将针数推到皮带或者废线上。当所有针数都移到皮带或废线上后，可以扣紧皮带扣或者将废线打结，从而固定好这些针数。只要解开皮带扣或者解开废线的结，将这些针数滑回手臂上，就可接着开始编织。

编织第 1 行下针

用织线那端编织，织线连着线团或者桶线。为防止混淆，将起针处的线头折叠并打结，或者剪去线头。

1 右手从下面拿起织线，这样织线能从拇指和食指间穿过，并固定在右手拳头里。左手提起右手臂上的第 1 针。

2 将提起的第 1 针从右手穿出并放掉。将右手的织线穿过第 1 针，成为新的第 1 针。

3 如图新的 1 针要稍微旋转一下再放在左手臂上，这样在手臂前面的针迹会直接朝向线团的方向，以防止成品的针迹绞在一起。

4 拉紧织线，从而使针迹服帖地置于手腕上。重复以上步骤，直至右手臂上的针数全部织到左手臂上。

编织第 2 行下针

这一行和第 1 行的织法基本相同，唯一的不同在于针迹移动的方向。现在要将左手臂上的针迹织到右手臂上。

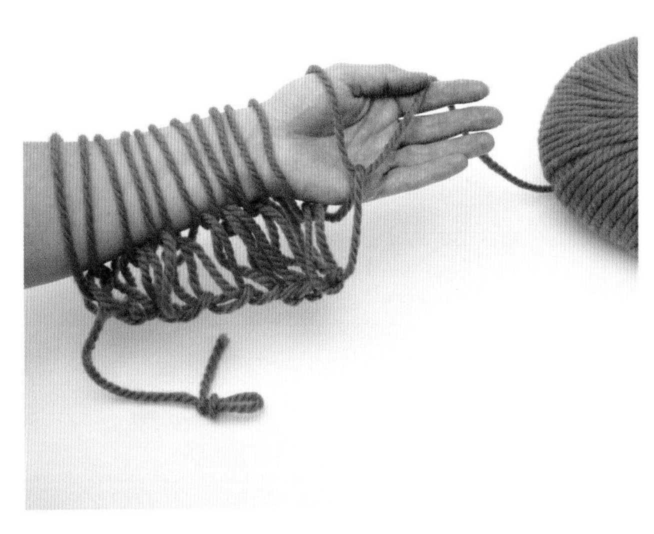

1 抬起织线，织线从左手拇指下面穿过，这样织线便置于左手手掌内，以拳头握紧。

2 右手提起第 1 针，放到左手手掌上，边放边将织线穿过第 1 针。

3 右手插入第 1 针前面的线圈，旋转这针，这样织线就从手臂的前面滑到右手腕上。轻拉织线，将这针紧贴在手腕上。

4 按照相同方式重复以上步骤编织左手臂上剩余的针数。接下来每行的织法，如果是从右手臂织到左手臂上，则同第 1 行，如果是从左手臂织到右手臂上，则同第 2 行。这种织法织出的织片效果如同棒针编织的平针（见下图）。

收针

织完需要的行数后，需要收针，以保护针迹。

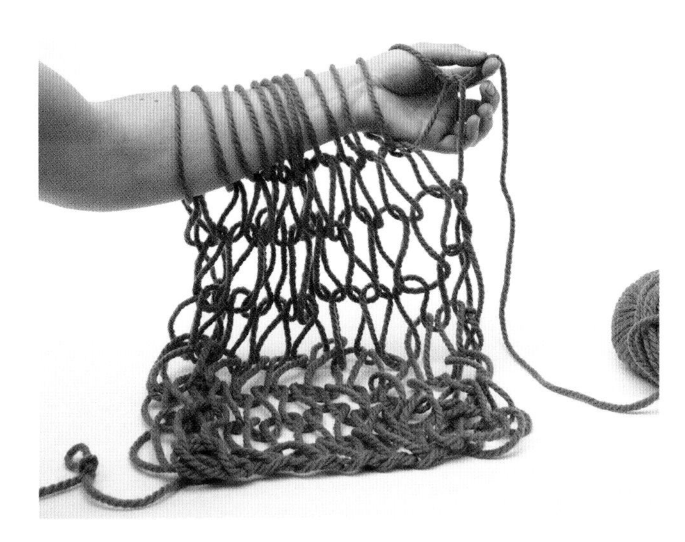

1 织完 1 行后，针数在左手臂上，第 1 针织下针到右手臂上。

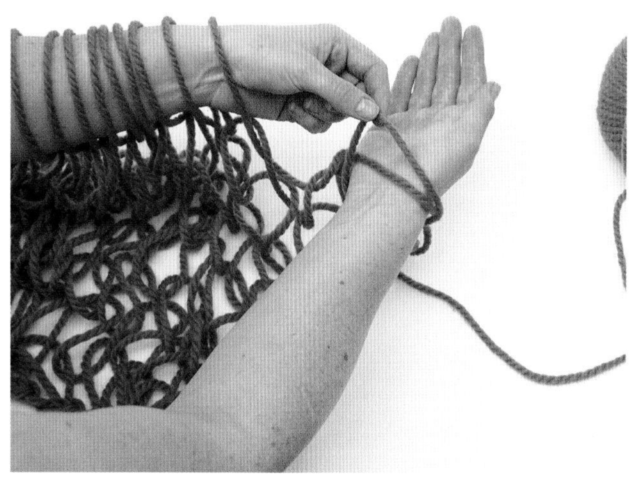

2 按照相同方法织第 2 针下针，用左手挑起右手臂上的第 1 针，盖过第 2 针并放掉。第 1 针通过第 2 针固定。

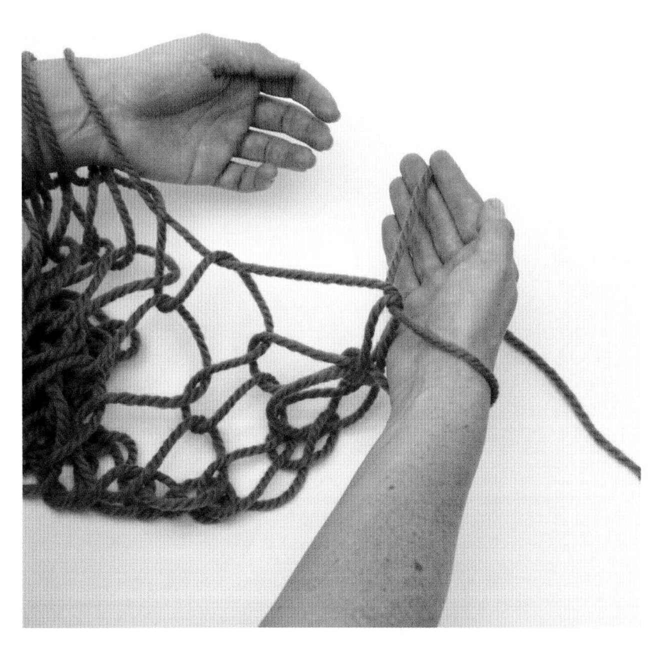

3 下一针从左手臂织下针到右手臂上，重复第 1 针盖过第 2 针的步骤。继续这么织 1 行，即下一针织下针，然后将之前的 1 针盖过这针并固定好。

4 织完 1 行后，右手臂上会剩 1 针。将这针滑出手臂前先松开，把织线穿入这针，并慢慢地拉紧固定好最后 1 针。织线的剩余长度可以藏在织物中或者用于固定其他织片。

上针

上针编织能给织物增添立体感。编织上针，织线要紧贴身体，和下针编织方向相反。将毛线从 1 针的前面穿到后面，而不是像织下针那样从后面穿到前面，这样织出来的针迹会凸出织物面，像是织物的质地发生了变化一样。样品（右图）是用多股毛线编织的，可以看出织了数行上针的效果。

1 起好需要的针数。将放在织物前面（紧贴身体）的织线做一个线圈，并穿过手臂上的第 1 针，这样便织好了 1 针。毛线是从前面穿到后面的，而不是像下针那样从后面穿到前面。

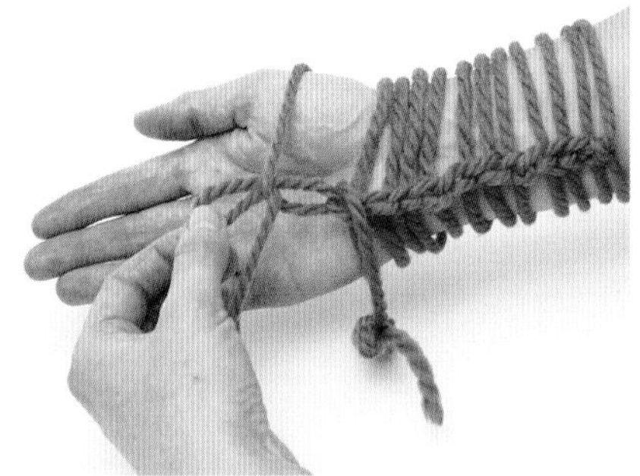

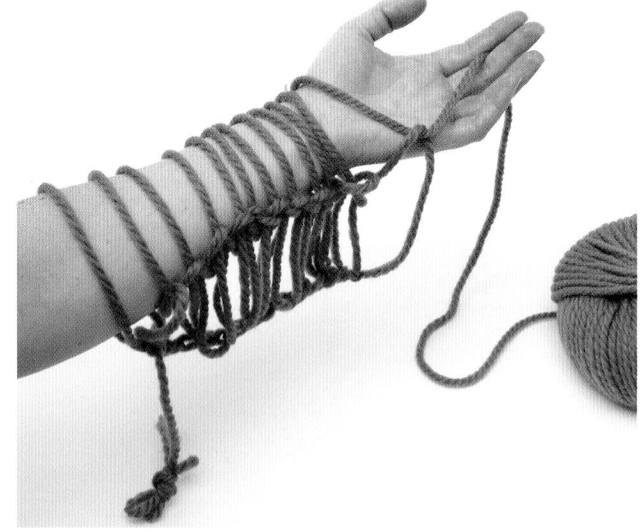

2 如图将这针移到另一个手臂上并放好，这样织线会穿过手臂的前面，避免针迹绞在一起。

3 重复以上步骤编织这一行，即每一针都将织线从针迹的前面穿到后面，直至织完。从左手臂织上针到右手臂上，只要方向相反即可，要始终保持织线在织物前面。

加针（1针放2针，即1针的前环和后环各织1针）

要编织服装或其他物品，需要加减一定数量的针目。在同一针里织2次为加针，从一针的前环（1针标准针）织1针，然后再从这针的后环织1针，从而加1针。

1 按照通常方法织1针下针，将新织好的1针放在另一个手臂上，但原手臂上的那针不要放掉，旋转手臂，将手再次插入此针的后面部分，即此针在手背部分（离身体最远的部分）。

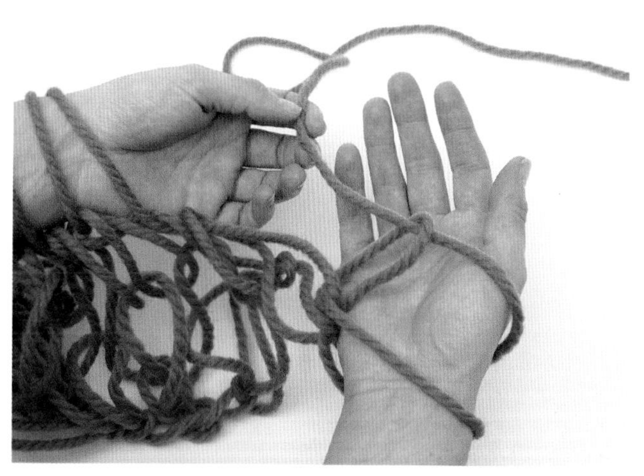

2 再次穿入线，将新织好的1针放在另一个手臂上。要确保织线会穿过手臂的前面。避免针迹绞在一起。

减针（左下2针并1针）

2针一起织，织成1针，即减针。

将手插入手臂上接下来的2针中，好似要织下针般抬起织线，织线同时穿过这2针，然后将新织好的1针放在另一个手臂上。

桂花针

交替编织上针、下针，如棒针编织的桂花针花样，能产生立体的效果。从织下针开始，下一针织上针，一直织到结束。第 2 行及后续数行中，前一行下针的地方织上针，前一行上针的地方织下针。习惯用棒针织桂花针的朋友可能需要适应一段时间。样品（右图）是用多股毛线编织的桂花针花样。

相比之下，罗纹针则是在前一行下针的地方还织下针，前一行上针的地方还织上针。织罗纹针能产生纵向条纹的效果。

多股线编织

手臂编织的许多花样需要同时使用多股线。可以从每团线中各抽出 1 股线，合起来进行编织。

1 简单点的话，将多股线抽出后，在线头处打个结，再合起来起针。

2 编织时，要确保每股线都被抬起来了。

绞花

将一定数量的针目滑出手臂先不织，打乱原来的编织顺序，先织数针剩余的针目，再将滑出手臂的针目放回手臂上继续织，形成绞花花样。比如第 40 页的绞花盖毯。

1 起好花样需要的针数，先织 1 行。

2 按照说明编织，直至要开始织绞花。比如织 6 针绞花，需将接下来的 3 针从左手臂上移到右手拇指上，先不织。

3 织左手臂上的下面 3 针到右手臂上。为了使织好的针目在右手臂上固定好，这时需要将先不织的针目在右手拇指到左手拇指之间来回交换。

4 避免将针迹绞在一起，将右手拇指上的 3 针再移到左手臂上，并将这一行织完。

5 按照花样继续织数行，编织所有针数，按照花样说明重复编织绞花。

手指编织方法

手指编织快速简单，只需用手即可。在手指上编织，再将针迹从指尖处放掉，能迅速地编织长绳和织带。这种方法可以利用 2 根、3 根或 4 根手指进行编织。

2 根手指编织

2 根手指起针

1 线头放在左手掌上，织线从手后面绕过食指。

2 在食指和中指之间绕线，然后在这两指之间再绕一次，从而在手指之间形成一个“8”字，这时每根手指上有 2 股线。将织线固定在手掌上的“8”字形的中间。

编织

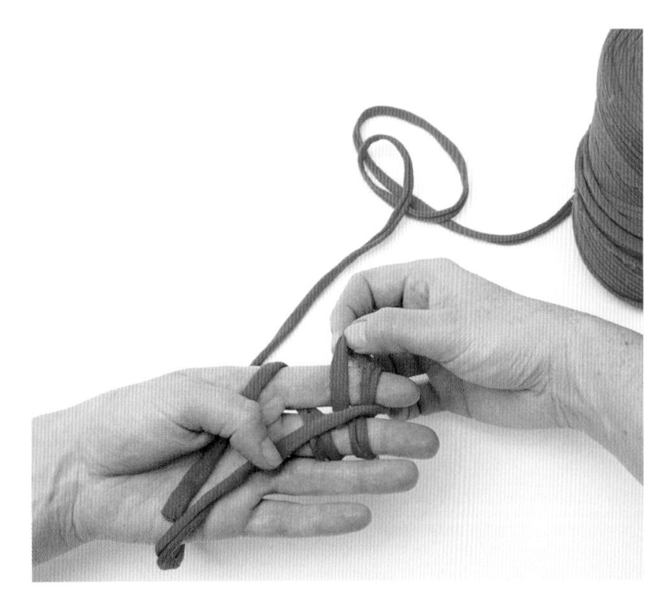

1 从食指开始，将靠里面的线圈盖过外面的线圈，并从指尖处放掉。重复这个步骤，处理中指上靠里面的线圈。这便织好了第 1 针。

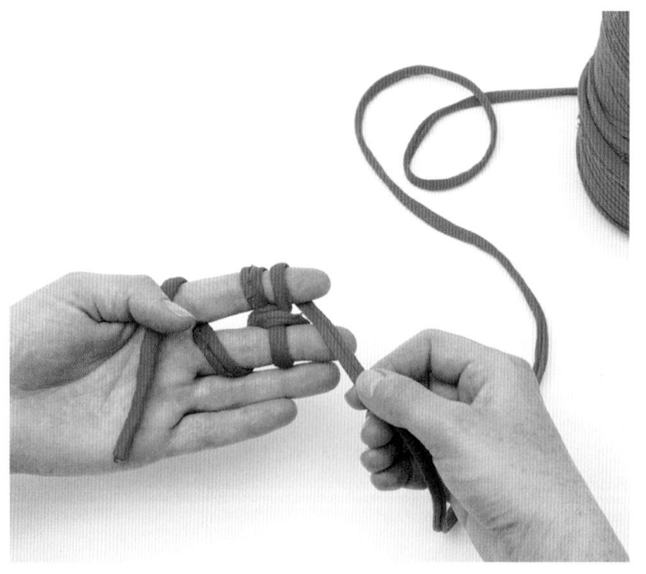

2 再次用食指和中指绕“8”字形线圈，使得每根手指上各有 2 个线圈。

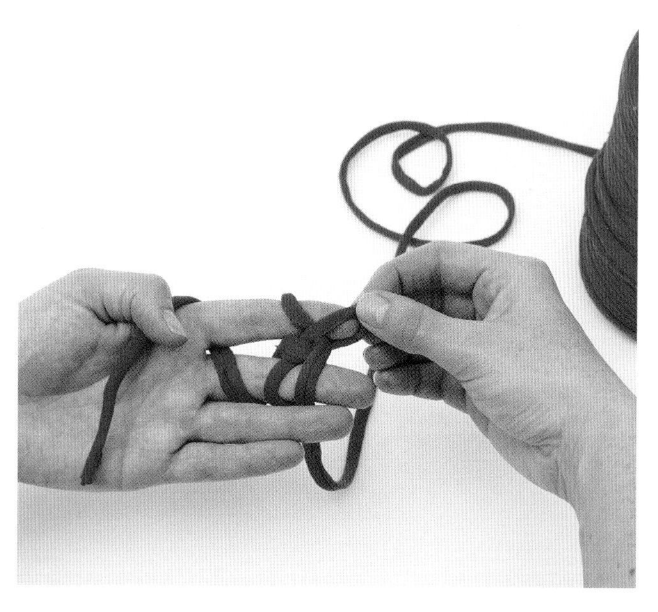

3 再次从食指开始，将靠里面的线圈盖过外面的线圈，并从指尖处放掉。

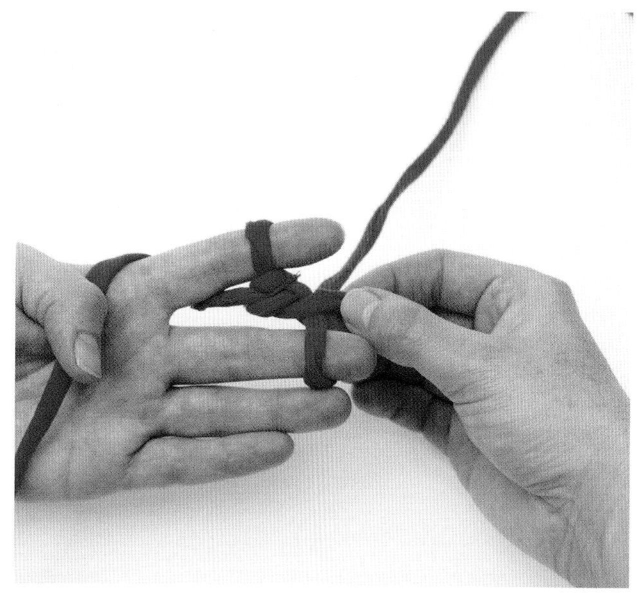

4 重复这个步骤，将中指上靠里面的线圈盖过外面的线圈，并从指尖处放掉。

5 织数行后轻拉织带，使针迹更加整齐，继续编织到需要的长度。

2根手指编织的收针

1 编织到需要的长度后，不再需要在手指上重复绕线，只要在每根手指上绕一圈线即可。剪断线，留一段长5厘米的线头。

2 手指滑出线圈，将线头穿过线圈。

3 拽出线头，从而拉紧线圈，固定好织带。

3 根或 4 根手指编织

用 3 根或 4 根手指可以编织出更粗的织带。编织方法和用 2 根手指编织基本相同。

编织

1 将毛线从手的一面绕到另一面，再绕回来，在选定的数根手指上来回绕。重复绕线，直至每根手指上都有 2 个线圈。

2 从食指开始，将靠里面的线圈盖过外面的线圈，并从指尖处放掉。

3 依次重复编织每根手指上的线圈，直至达到需要的长度为止。

3 根或 4 根手指编织的收针

只需剪断毛线，将线头穿入线圈，然后拉紧以固定好针数即可。

收尾

这些方法会向你展示如何对本书的作品做最后的加工，或者给自己的设计带上点儿专业的气质。

藏线头

手臂编织结束后，在起针和收针处会留有多余的线头。在织物背面藏线头能固定松散的边，成品也不会挂着零散的毛线，显得更加整洁。

1 将作品反面朝上，取其中 1 根线头，按照针迹的纹理藏线头，藏 3 针或 4 针。如果你的作品是用多股线编织的，可以分股藏线头，将每股线藏在不同的针迹中，这样藏线头处不明显，成品会更加平整。

2 线头藏好后，可在织物背面的针目上，将线头的一端打一个小结。小结能固定线头，从正面也看不出来。打结后，剪去多余的线头，成品会更加整齐。

区分正反面

用手臂编织方法仅编织下针的话，正反面的区别很明显，类似于棒针编织的平针。

正面很平整，很容易看出“V”形针迹。

反面更具立体感，能看出一排排整齐的凸状。

手臂编织的缝合

不同织片可以用正面缝合的方法缝合起来，仅用手指即可。如果你喜欢的话，可再加个带舌钩针，非常简单。如果织物留的线头很长，则可用这个线头连接 2 片织物；或者就剪一段线来缝合，缝合后藏好线头。

1 将要缝合的 2 片织物正面朝上，整齐地并排放好，每行处于水平位置。将每片边上的针目连起来，要会识别组成针迹的水平脊（半针中的边线）——要通过这些水平脊来缝合。

2 将连接处的两边弄平整。把 1 片中的线头放到第 2 片上，将缝线穿过织物，从 2 针之间的水平脊下面穿出来，再穿回织物的正面。

3 将线绕到第 2 片上，穿到反面，从 2 针之间的水平脊下面穿出来，再穿回织物的正面。线拉紧后，2 片会紧挨在一起，几乎看不到缝线的痕迹，非常整齐。按照这种方法重复缝合步骤，将 2 片织物完全缝合起来。

4 藏好线头，然后打结，剪去多余线头。

手指编织的收针

手指编织的藏线头、缝合与手臂编织的方式相同，只是针脚变小了。

藏线头

在打结前，将手指编织织物的线头藏在背面，再剪去多余线头。

缝合

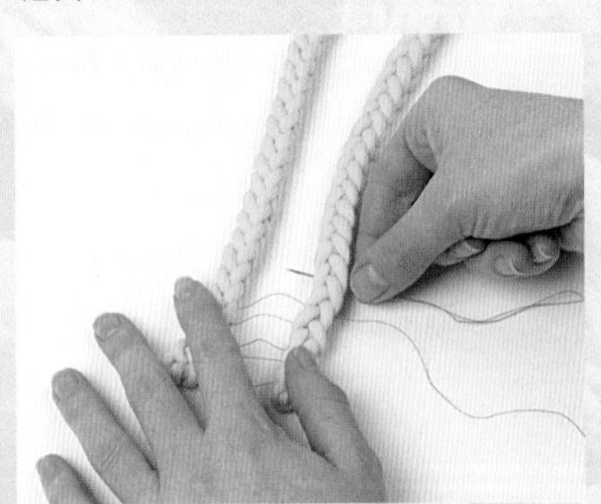

1 将要缝合的 2 条织带正面朝上放好，用穿好丝线或缝纫线的缝衣针从 1 条织带的外侧边往内缝 1 针，针再穿入这一条织带的水平脊，然后再从另一条织带的水平脊穿出来，这样来回缝细针迹。

2 藏线头前，将缝线拉紧，使缝合边整齐。

选择替代线

你可以用每个作品中所列出的线来编织作品。然而，我们都有自己的独特风格，可能想用自己选择的线来编织个性化作品。用不同的线来编织作品需要考虑以下几个方面，这有助于你挑选出合适的替代线，成功编织作品。

每个作品所列出的线材包含线的材质、重量以及每团线的长度。这些信息能帮助你选择与推荐用线不同的替代线。

线的颜色

改变作品颜色是迎合个人品位最简单容易的办法。在很多情况下，仅需要选择相同品牌、不同颜色的线即可。本书中许多作品是用不同的线合在一起来编织的。你可以用数股相同的线合在一起来编织，这样成品颜色更统一，只需确保有足够的线完成作品即可。

线的重量和密度

本书中大多数作品采用粗线或极粗线编织，特别是手臂编织作品。这是因为如果用细线编织，针迹松散，针迹之间的间隙也大，成品不密实，容易变形。

如果想要织成与书中作品类似的，则需要挑选相近重量的线，线的重量相近，密度也相近。由于手臂、手指编织的尺寸变化大，本书中作品没有列出固定的密度，因此替代线的密度要和推荐用线的密度相同（密度可以查询线团的商标带或者制造商的网站），确保用替代线编织的成品尺寸和书中的近似。

替代线的重量偏轻或偏重，或者与推荐用线的密度相差很大，都会使成品的外观明显改变。

米数

这个术语指每团、每绞或每桶线的长度。每个作品的材料中都有列出所需线的团数、绞数或桶数，以及每团、每绞或每桶线的平均米数。这样你就可以确定用替代线编织某个作品时所需线的团数、绞数或桶数。如果每团、每绞或每桶线的米数不同，将每团、每绞或每桶线的长度乘以线的团数、绞数或桶数求得线的总长度，再除以每团、每绞或每桶替代线的米数就可以求得替代线需要的团数、绞数或桶数。

线的材质

选择替代线最后要考虑的问题是线的材质。本书中一些作品采用布质线或者T恤线来编织，还有些作品用羊毛混纺线来编织，不同材质的线编织出的成品外观不同。如果你想要的成品质地和本书中作品相同，则需要挑选相同或近似材质的线。

小贴士

如果购买的线量大，不但要检查线团的商标带，确保所有线团的颜色相同，还务必要检查染色缸号，这个号码指染色的批次。挑选同一缸号的线以确保成品颜色的一致性。

自制 T 恤线

本书中一些作品采用以大线桶形式出售的品牌 T 恤线编织，但是自己制作 T 恤线真的很简单！ 用手臂编织大型作品需要准备很多 T 恤线，但编织小型作品的话，自己制作 T 恤线更好，既节约时间，也节约成本。

材料

- 针织 T 恤，最好是无缝边，尽可能挑选最大号的 T 恤
- 锋利的制衣用剪刀
- 尺子
- 画粉

1 在一平整表面摊开 T 恤，弄平褶皱。用尺子和画粉在 T 恤下摆之上的底边画一条线，然后在 T 恤两腋窝之间画第二条线。

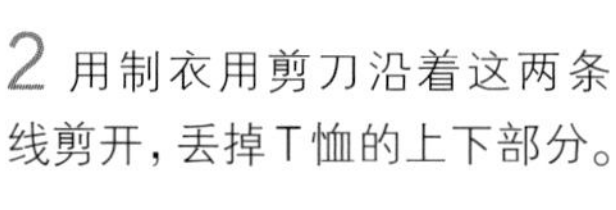

2 用制衣用剪刀沿着这两条线剪开，丢掉 T 恤的上下部分。

3 剪切边按左右方向放好，再折叠两条闭合边，不要使它们重合，而是让它们有 2.5 厘米的落差。

4 用尺子和画粉画线，从位置更低的上片顶部画到底部（折边处），画出间隔 2.5 厘米宽的竖条线。

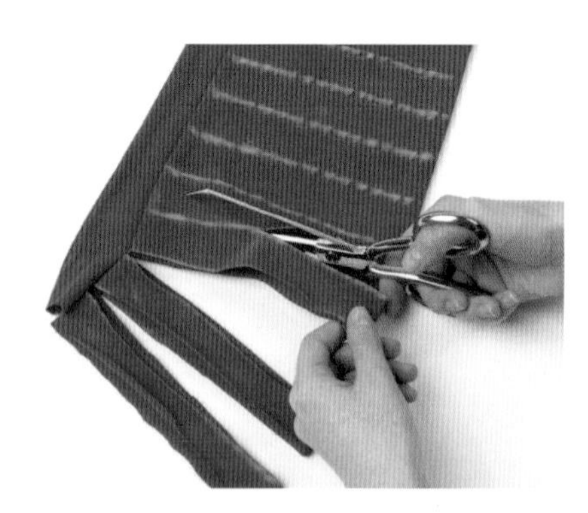

5 用制衣用剪刀沿着竖条线剪开，剪成整齐的布条，如图位置更高的下片顶部 2.5 厘米部位不剪。

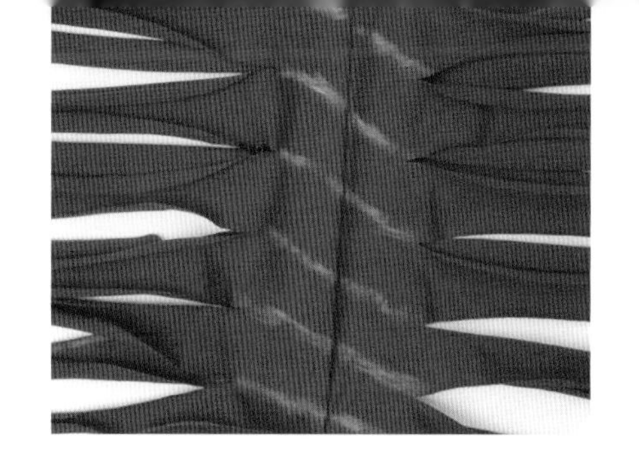

6 全部展开，未剪部分处在中间，看起来就像脊梁骨，将布条弄平整，如图从底端开始在“脊梁骨”上一一画斜线，从底端第一布条的左上部一直画到顶端第二布条的左下部。

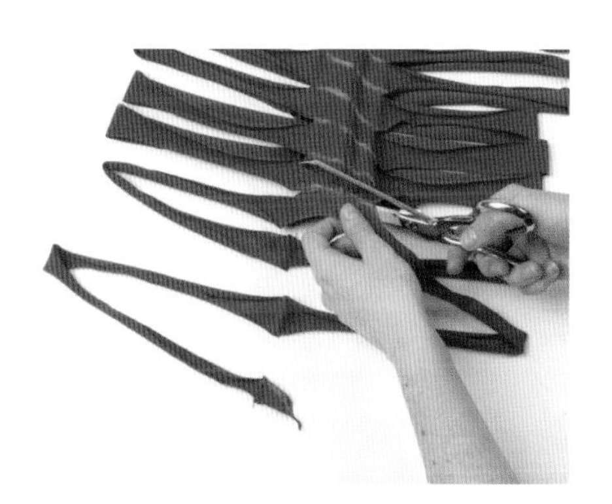

7 沿着画粉线一一剪开，就会形成一条长长的布条。

8 抖抖剪好的布条，然后开始用手用力拉紧布条。拉伸布条会使布条的毛边卷起来。

连接 T 恤线

如果将好几件 T 恤都剪成了线，想要将其变成一个线团，只要将布条之间的端头打结系好即可。若要更整洁一些，可以尝试用针缝在一起或者用环连接起来。

用针缝合

将两条布条的端头重叠 1.5 厘米宽，用缝纫机或者以手缝方式将其缝起来。

用环连接

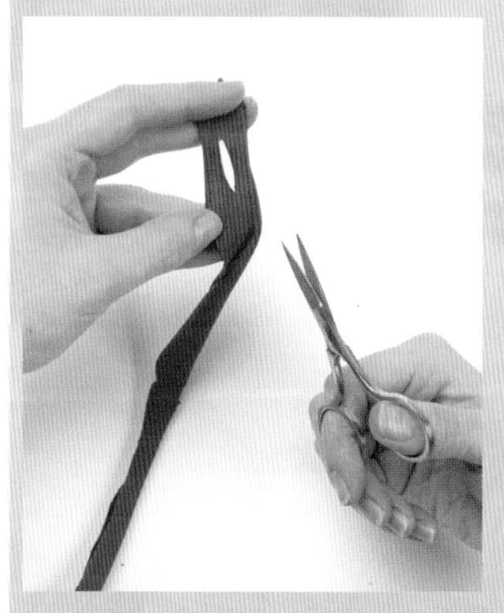

1 将要连接的两条布条的各一端沿水平方向往里 2 厘米处剪出 1 厘米的切口。

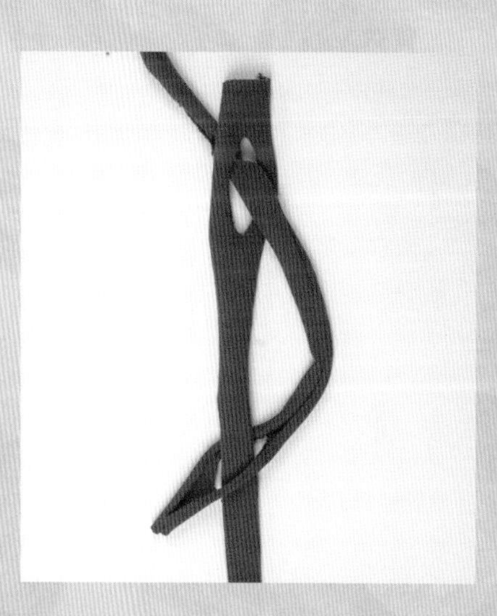

2 将第二条布条未剪切口的一端穿入第一条布条的切口，然后将第一条布条的另一端（无切口端）穿入第二条布条的切口。

3 拉紧两端，这样两条布条在切口处会牢固地连在一起。

手臂编织

家居用品

彩色抱枕

用T恤线或布质线编织，成品既具现代感，又非常吸引人。制作这种抱枕非常简单，你可以做成自己喜欢的尺寸，只要增加或减少针数和行数即可。

材料

- Hoooked Zpagetti 流行线：每个枕套需要1桶，每桶120米，粉色，彩点粉色，丁香紫色

  （编者注：本书线材均为国外品牌，其颜色、色号描述，因与国内品牌不同，仅供读者朋友参考。读者朋友可根据作品图片选择类似的国产线材。）
- 枕芯：边长34厘米
- 大号木质扣子：9颗（每个抱枕3颗）
- 缝衣针或带舌钩针

成品尺寸

边长36厘米

制作时间

可以用一个下午的时间制作这款作品

小贴士

将桶线分成团线时，可用手臂量线的长度，每团线的手臂长度数要相同。这样能确保每团线的长度相近。也可以放在电子秤上称，确保每团线的重量相同。

彩色抱枕

将桶线分成相近重量和长度的5团线。

将5股线合在一起，拉出一段2.5个手臂长的线，用长尾起针法起7针。

织20行下针。

收针。

制作和收尾

用枕芯作为参照，将起针边和收针边折叠在中间处，起针边和收针边稍微重叠一点。用2股T恤线或者布条，用正面缝合的方法（见第20页）依次将两侧边整齐地缝合起来。

将T恤线穿入缝衣针，在枕套的开口处均匀地缝上纽扣。塞入枕芯前藏好所有线头。不需要另外制作扣眼，只需将扣子扣入枕套上的孔洞即可。

个性化编织

每个枕套用一桶 Hoooked Zpagetti 线，合5股编织。你可以用5桶不同颜色的线合股编织，织成一系列多彩的枕套。

舒适的凳子套

普通凳子是每个家庭必备的日用品，但是为什么不把这些小巧的必需品装饰得更吸引人呢！给凳子加一块衬垫并套上编织好的凳子套，不仅能展示有趣的手臂编织针法，还能让这种坚固耐用的木凳坐起来更舒适！

材料

- Debbie Bliss Paloma 线（60% 小羊驼毛，40% 美丽诺羊毛）极粗线：1 绞，每绞 50 克，大约 65 米，色号 26 玉粉色（A）；1 绞，每绞 50 克，大约 65 米，色号 19 暗玫瑰色（B）
- 泡沫垫：边长 39 厘米，厚 2.5 厘米
- 棉布：110 厘米 ×100 厘米
- 喷雾型胶水
- 钉枪
- 凳子

成品尺寸

直径 35 厘米，适合套在宜家的富洛塔凳子上

制作时间

可以用一个下午的时间制作这款作品

小贴士

给凳面做软包时，如能去掉凳脚重新组装，成品表面会更加平整美观。

舒适的凳子套

将每绞线各分成 2 团线，从而有了 4 团大小相同的线团。将 4 股线合在一起（2 股 A 色线、2 股 B 色线），拉出一段 4.5 个手臂长的线，起 12 针。

第 1 行：*1 针下针，1 针上针，从 * 重复编织直到结束。

第 2 行：*1 针下针，1 针上针，从 * 重复编织直到结束。

这样你会在前一行上针的地方织下针，下针的地方织上针，从而形成桂花针花样。

继续按照这个花样再编织 6 行，共编织 8 行。

以下针方式收针。

CHARLOTTE BRONTE
JANE EYRE

制作和收尾

将泡沫垫放在凳面上，沿着凳面边画圆形并裁剪好泡沫垫。用喷雾型胶水将泡沫垫粘在凳子上。

剪一块正方形棉布，边长比凳面直径长 12 厘米。

将棉布反面放在粘有泡沫垫的凳子上，棉布沿着凳子的底面折叠。整齐地折 2.5 至 4 厘米的褶边，并将布从外围边折叠进去，用钉枪固定好。

剪一块直径比凳面直径小 2.5 厘米的圆形布，并用喷雾型胶水粘在布的折叠面上。

如果先前卸掉了凳脚，这时可以把凳脚重新安装上去。

将做好软包的凳面放在编织好的凳子套上。将凳子套整齐地折叠在凳面底部，起针的两角和收针的两角折拢在中间。用线头在中间缝合好，先固定在凳子上。将线头穿入中间的连接处，并固定在凳子上，打结，再剪去线头。若要加固凳子套，可以在凳面底部分散地订上订书钉，将凳子套固定好。

小贴士

编织上针前，织线要绕到织物的后面（紧贴身体）（见第 12 页）。和编织下针相同，确保织完 1 针时，织线（朝向线团的线）在前手臂上，防止针迹绞在一起。

个性化编织

任何凳子都适合编织这种凳子套，只需要量好凳面尺寸，确保织物边长或直径比凳面边长或直径大 10 厘米，能覆盖住凳面即可。

舒适的条纹毯

为自己的床或者沙发编织一条大毯子通常是一项劳动密集型工程，需要花费很多时间才能完工。使用粗线进行手臂编织，只需要一个下午就能编织出一条色彩缤纷的毯子。

材料

- Lion Brand 手纺线（98% 腈纶，2% 聚酯纤维）粗线：3 团，每团 170 克，约 169 米，色号 339 苹果绿色（A）
- Lion Brand 美国家乡线（100% 腈纶）极粗线：2 团，每团 142 克，约 74 米，色号 172 黄绿色（B）
- Lion Brand 手纺 Thick & Quick 线（88% 腈纶，12% 聚酯纤维）极粗线：3 团，每团 227 克，约 146 米，色号 437 白色（C）
- 带舌钩针

成品尺寸

拉伸前 160 厘米 ×116 厘米

制作时间

可以在 2 小时内制作好这款作品

舒适的条纹毯

用 3 股 A 色线、2 股 B 色线，共合 5 股线，拉出一段 15 个手臂长的线，起 30 针。

用 A、B 色合股线织 3 行下针。

第 4~9 行：将 3 股 C 色线打结，接到下一行开始编织 6 行下针。

第 10~12 行：换成 A、B 色合股线（5 股），织 3 行下针。

第 13~18 行：换成 C 色线（3 股），织 6 行下针。

第 19~21 行：换成 A、B 色合股线（5 股），织 3 行下针。

第 22~27 行：换成 C 色线（3 股），织 6 行下针。

第 28~30 行：换成 A、B 色合股线（5 股），织 3 行下针。

用 A、B 色合股线收针。

小贴士

换线时，将之前颜色的线在织物的边上打结，留一段长 7.5 厘米的线头，毯子织好后再将线头藏好。

制作和收尾

从起针边开始，用带舌钩针藏线头，每股线的线头分别打结，成品会比较整洁。依次在织物两边藏线头，每股线分别打隐形的结，再藏线头，并固定好。

个 性 化 编 织

这款毯子通过重复编织双色条纹而成。若要织色彩更加丰富的毯子，可换成更多颜色的线来编织条纹。

靠垫

这款靠垫放在沙发或者床上都非常漂亮可爱。编织快速、简单，而且可以织成不同尺寸。

材料

- Lion Brand 手纺线（98% 腈纶，2% 聚酯纤维）粗线：1 团，每团 170 克，约 169 米，色号 416 珊瑚礁色
- 枕芯：43 厘米 ×15 厘米
- 缎带：104 厘米长

成品尺寸

71 厘米 ×63 厘米

制作时间

可以在 1 小时内制作好这款作品

小贴士

如果想要更有立体感的外观，可在正面的中间缝合，这样成品看起来会更有立体感和凹凸感。

靠垫

将线分成 6 团大小相同的线团。将 6 股线合在一起，拉出一段 4 个手臂长的线，起 12 针。

织 12 行下针。

收针。

制作和收尾

将织物正面朝上，用正面缝合的方法（见第 20 页）缝合起针边和收针边。将缎带剪成 2 段相同长度的，两端整齐地剪成燕尾状，以防止散边。在靠垫的两端分别将缎带头穿入针迹中并拉紧，固定好并系蝴蝶结。

个性化编织

这款靠垫套适合宜家莱瑟尔靠垫。只要增加或者减少起针数和行数即可改变靠垫套的尺寸，以适合自己所用的靠垫。

拼接型方块毯

用手臂编织方块，再将方块拼接起来，制作成具有拼布效果的拼接毯子。编织起来非常简单，效果却非常别致。

材料

- Lion Brand 舒适羊毛 Thick & Quick 线（80% 腈纶，20% 羊毛）极粗线：每色 2 团，每团 170 克，约 80 米，色号 105 冰蓝色（A），色号 099 海蓝色（B），色号 106 天蓝色（C）
- Lion Brand 舒适羊毛 Thick & Quick Metallics 线（79% 腈纶，20% 羊毛，1% 金属聚酯纤维）极粗线：2 团，每团 170 克，约 84 米，色号 307 本白色（D）

成品尺寸

拉伸前 102 厘米 ×140 厘米

制作时间

可以用一个下午的时间制作这款作品

小贴士

要保证毯子织完后缝线不会鼓起，可用 4 股线中的 2 股来缝合，这样成品的缝线看起来不是很明显。

拼接型方块毯

方块 1（编织 2 块）

将 2 股 A 色线和 2 股 B 色线合成 4 股线。拉出一段 4 个手臂长的线，用长尾起针法起 15 针。

织 12 行下针。

收针。

方块 2（编织 2 块）

将 2 股 C 色线和 2 股 D 色线合成 4 股线。拉出一段 4 个手臂长的线，用长尾起针法起 15 针。

织 12 行下针。

收针。

制作和收尾

将方块织物排成 2 行，每行 2 块，每个方块的对角线相对放好。用线头将上面 2 块方块沿着竖直方向用正面缝合的方法（见第 20 页）缝合起来，系牢线头。按照相同的方法缝合下面 2 个方块。再用线头沿着水平方向缝合并系牢。最后藏好线头。

W.C.

双色购物袋

扔掉那些塑料袋，换成这种用手臂编织的购物袋吧。这种双色购物袋不仅容易编织，而且别具一格。

材料

- Katia 棉线（100% 棉）极粗线：2 团，每团 100 克，约 50 米，色号 59 粉蓝色（A）
- Katia 棉线（100% 棉）极粗线：2 团，每团 100 克，约 50 米，色号 63 粉绿色（B）

成品尺寸

长 84 厘米，包括肩带
宽 50 厘米，以袋底为准

制作时间

可以在 1 小时内制作好这款作品

小贴士

用 4 股线编织时，比如这个作品，不需要将线重新分成单独的线团，可以从线团的中间抽出另一线头，同时用 2 个线头一起编织。

双色购物袋

将 4 股 A 色线合在一起，拉出一段 3 个手臂长的线，用长尾起针法起 10 针。

第 1~4 行：全部织下针。

第 5 行：织左下 2 针并 1 针（见第 13 页），织下针至结束。（剩 9 针）

第 6 行：织下针至还剩 2 针，织左下 2 针并 1 针。（剩 8 针）

第 7 行：织左下 2 针并 1 针，织下针至结束。（剩 7 针）

第 8 行：织下针至还剩 2 针，织左下 2 针并 1 针。（剩 6 针）

第 9 行：织左下 2 针并 1 针，织下针至结束。（剩 5 针）

第 10 行：织下针至还剩 2 针，织左下 2 针并 1 针。（剩 4 针）

织 6 行下针。

收针。

用 B 色线，按照相同方法编织另一面。

制作和收尾

将织物正面朝上，将购物袋两个肩带处用正面缝合的方法（见第 20 页）缝合起来。藏好线头。用线头和正面缝合的方法（见第 20 页）缝合购物袋两侧边和底部，藏好线头。

个性化编织

这款双色网状购物袋，一面用了一种颜色的线编织。你还可以都用同一种颜色的 4 股线编织，或者每面分别用两种颜色的 2 股线编织。

绞花盖毯

盖着这款手臂编织的盖毯该是多么舒服啊！这款盖毯以绞花花样为特色，富有立体感，特别引人注目，而且非常容易编织。

成品尺寸

102 厘米 ×153 厘米

制作时间

可以在 3 小时内制作好这款作品

材料

- Rowan 粗羊毛线（100% 美丽诺羊毛）
  粗线：8 团，每团 100 克，约 80 米，
  色号 051 焦橙色

个性化编织

起针数翻倍，每行按照该行针法说明多织 1 次，就可以制作出更宽的绞花花样盖毯。务必记得要相应增加毛线量。

绞花盖毯

4 股线合在一起，拉出一段 5.5 个手臂长的线，起 20 针。

第 1 行：织 2 针下针，16 针上针，2 针下针。

第 2 行：织 2 针下针，4 针上针。这段是盖毯的边。编织绞花（见第 15 页），将左手臂上接下来的 4 针移到右手拇指上，先不织。然后将左手臂上接下来的 4 针织下针织到右手臂上，要在拇指上的针目的后面编织。先不织的针目会在右手拇指到左手拇指之间来回交换，这样可以将织好的针目固定在右手臂上。避免将针迹绞在一起，将右手拇指上的 4 针移回到左手臂上，并织下针。织 4 针上针，剩余 2 针织下针。

第 3 行：织 2 针下针，4 针上针，8 针下针，4 针上针，2 针下针。

第 2 和第 3 行形成绞花花样。这 2 行再重复织 13 次。

下一行：同第 2 行。

下一行：织 2 针下针，16 针上针，2 针下针。

收针。

制作和收尾

藏好线头。

小贴士

将先不织的针目移回正在织的手臂上，在编织之前，针迹切忌绞在一起。

小绒球灯罩套

用手臂编织的灯罩套来装饰一盏简单的台灯吧！灯罩套的底边用小绒球装饰，非常可爱有趣。

材料

- Katia 粗丝带线（50% 棉，50% 聚酯纤维）时尚膨体纱线：1 团，每团 200 克，约 72 米，色号 22 蓝绿色
- 绒球饰边：65 厘米长
- 带灯罩的台灯（如宜家的拉姆本）
- 超强力胶水或者热喷胶剂

成品尺寸

适合直径 19 厘米的灯罩

制作时间

可以用一个下午的时间制作这款作品

小绒球灯罩套

拉出一段 3 个手臂长的线，起 7 针。

织 10 行下针。

收针。

制作和收尾

用线头和正面缝合的方法（见第 20 页）缝合起针边和收针边。用超强力胶水或者热喷胶剂将绒球饰边粘在灯罩套的底边，绒球要垂在灯罩套的下面。将织好的灯罩套套在灯罩上，用少许胶粘在灯罩上，要看不出胶水的痕迹。

个性化编织

这款灯罩套适合任意一种台灯或者标准灯罩。要织大一点的话，增加起针数和行数即可。

小贴士

给灯罩加套时，要确保编织线不能和灯泡直接接触，以免有起火的风险。

桂花针盖毯

用手臂交替编织上针、下针，是给成品增添立体感的极佳办法。这款舒适的盖毯用桂花针编织，几个小时内就能完成，非常简单，放在床上或者自己最喜欢的椅子上都非常不错。

材料

- Lion Brand 美国家乡线（100% 腈纶）极粗线：6 团，每团 113 克，约 59 米，色号 213 紫色系混合（A）
- Lion Brand 手纺 Thick & Quick 线（88% 腈纶，12% 聚酯纤维）极粗线：3 团，每团 227 克，约 146 米，色号 437 白色

成品尺寸

拉伸前 178 厘米 ×106.5 厘米

制作时间

可以在 3 小时内制作好这款作品

个性化编织

如果你想要挑战更具创造性的作品，可以试着用相同重量、不同颜色的线织条纹花样，每隔数行换不同颜色的线来编织。

桂花针盖毯

用 2 股 A 色线、1 股 B 色线合成 3 股线，拉出一段 6 个手臂长的线，起 22 针。

织 1 针下针，1 针上针。重复编织至 1 行结束。

这种花样为桂花针，继续按照这种花样编织 33 行，或者编织至织物长 178 厘米为止。

收针。

制作和收尾

藏好起针边和收针边的线头。

小贴士

想知道正在织的那针该织上针还是下针，仅需看前一行这一针是上针还是下针：前一行是下针，则织上针；前一行是上针，则织下针。

茶壶套

用这款手臂编织的可爱茶壶套来装饰茶几吧！

材料

- Sirdar Kiko 线（51% 羊毛，49% 腈纶）极粗线：2 团，每团 50 克，约 40 米，色号 410 混合色
- 双面绸缎带：银灰色，76 厘米长

成品尺寸

适合标准的 6 杯壶

制作时间

可以在 1 小时内制作好这款作品

小贴士

开始编织之前，将线分成 3 个线团，制作起来更加简单快速。

茶壶套

将 3 股线合在一起，拉出一段 1 个手臂长的线，用长尾起针法起 5 针。

织 5 行下针。

收针。

按照相同方法再编织 1 片。

制作和收尾

将 2 片织物反面相对对齐，用正面缝合的方法（见第 20 页）将 2 片的底边针迹缝合在一起。藏好线头并系牢。茶壶套顶部的两边各缝合 1 针，这样茶壶套的两侧边便各留了缝隙，使茶壶嘴和手柄可以伸出来。藏好线头并系牢。

在收针边下面的针迹中穿入缎带，穿一圈后拉紧缎带使茶壶套顶部收紧，把缎带系成一个蝴蝶结固定好。缎带的两端都斜剪一下。

个性化编织

若将双面绸缎带换成蕾丝花边，成品则更具复古风。

编织型方枕

手臂编织的作品质地比较松散，特别适合在中间穿入手指编织的织带，使其更紧实。将撞色织带穿插在手臂编织的织物里，更显得方枕温馨舒适，色彩缤纷。

材料

- Lion Brand 美国家乡线（100% 腈纶）极粗线：2 团，每团 142 克，约 74 米，色号 107 蓝色（A）；每色 1 团，每团 142 克，约 74 米，色号 157 柠檬黄色（B），色号 144 咖啡色（C）
- 枕芯：边长 38 厘米

成品尺寸

边长 40 厘米

制作时间

可以在 3 小时内制作好这款作品

编织型方枕

手臂编织枕套

将 A 色线合 4 股，拉出一段 2.5 个手臂长的线，用长尾起针法起 9 针。

织 1 行下针。

再重复编织这一行 17 次，或者织到织物的长度能够包住枕芯为止。

收针。

手指编织撞色织带

用 B 色线和 4 根手指编织织带，直至织带长 91.5 厘米为止。系牢。

按照相同方法用 B 色线再织 3 根织带。

换 C 色线还是用 4 根手指编织 3 根织带。

B 色线有 4 根长 91.5 厘米的织带，C 色线有 3 根长 91.5 厘米的织带。

制作和收尾

折叠好手臂编织的枕套，包住枕芯，用线头和正面缝合的方法（见第 20 页）缝合两边和底部开口处。藏好线头。

从方枕底部开始，把手指编织的 B 色线织带沿着手臂编织的枕套的宽度方向编进去，从枕套的 1 针上面穿入，又从另一针的下面穿出来。将方枕翻面，按照相同方法重复将织带编入方枕的背面。用线头连接织带的两端。

沿着手臂编织的枕套的行数方向，把手指编织的 C 色线织带编入枕套中，将织带沿着前一行手指编织织带下面的针迹上面穿入，又从前一行手指编织织带上面的针迹下面穿出来。将方枕翻面，把织带编入方枕的背面，用线头连接织带的两端。

按照这种方式交替编入两种颜色的织带，直至编完整个方枕为止。

小贴士

合 4 股线编织枕套时，可以将线均匀分成 4 个重量相同的线团，也可以同时从 2 个线团中各抽出 2 股线来编织。采用第 2 种方法的话，你可以将线团外的线头放在线团一边，将手指插入线团的中心处，取出另一个线头并拉出来。

个性化编织

简单地增加或者减少起针数和行数就可以编织出适合不同尺寸方枕的枕套。每织完数行后，将枕套放在方枕上比对尺寸，确定还要织的行数。

旅行用毯子

这款简单的毯子带有一个实用的口袋，可以将整个毯子折叠好装进去。也可以将毯子折叠起来，做成一个舒适的枕头——对于旅行是再合适不过了！

材料

- Sirdar 法罗线（100% 美丽诺羊毛）极粗线：6 团，每团 50 克，约 43 米，色号 0398 草地色（A）
- Rowan 粗羊毛线（100% 美丽诺羊毛）极粗线：4 团，每团 100 克，约 80 米，色号 061 混凝土色（B）

成品尺寸

127 厘米 ×101.5 厘米

制作时间

可以在 3 小时内制作好这款作品

小贴士

将毯子的两边往中间折叠，然后再对折，这样可以确定口袋的尺寸——口袋要足够大，才能罩住这么大的面积。若要做成枕头，将毯子塞进口袋前，要将毯子往中间折叠再对折。

旅行用毯子

毯子

将 2 股 A 色线和 2 股 B 色线合成 4 股线，拉出一段 5 个手臂长的线，用长尾起针法起 20 针。

织 24 行下针。

收针。

口袋

用 2 股 B 色线，拉出一段 3 个手臂长的线，用长尾起针法起 15 针。

织 9 行下针。

收针。

制作和收尾

将毯子背面朝上，口袋也背面朝上，将口袋起针边和毯子起针边对齐，将口袋放在毯子的下半部分。用线头缝合口袋的两侧边和底部。口袋的上半部分（朝向毯子的中间）不用缝合。

藏好所有线头。

个性化编织

若要织更大尺寸的毯子，只需增加起针数和行数即可。记住还得增加口袋的尺寸，才能装下更大尺寸的毯子，而这还需要增加额外的线。

手臂编织

穿戴用品

小贴士

缝合围巾的两端时，将这两端平整地放在一个平面上，这样正面缝合时，有助于识别针迹，将线穿入针迹中，缝合后比较整洁，缝线也不明显。

时尚围脖

快速编织一款舒适时尚的围脖——今天就织，今晚就戴吧！混合两种风格的毛线编织而成，漂亮独特。将织好的围巾两端缝合起来，形成围脖。只需简单地套在颈部就很好看。若要更厚实些，则可以在颈部绕两圈。

材料

- Rowan 粗羊毛线（100% 美丽诺羊毛）极粗线：2 团，每团 100 克，约 80 米，色号 054 绿色（A）
- Rowan Thick'n'Thin 线（100% 羊毛）极粗线：2 团，每团 50 克，约 50 米，色号 00962 深蓝色（B）
- 带舌钩针

成品尺寸

缝合前长 119 厘米

制作时间

可以在 1 小时内制作好这款作品

个性化编织

若想要更厚实的围脖，可以把围巾织得更长些，增加线团的数量，继续编织到自己想要的长度即可。或者用相同的线合成 4 股编织，使围脖看起来更简单大方。

时尚围脖

将 2 股 A 色线和 2 股 B 色线合成 4 股线，拉出一段 2 个手臂长的线，用长尾起针法起针。

用 A、B 两色合股线起 8 针（4 股）。

用 A、B 两色合股线织 27 行下针（4 股）。

收针。

制作和收尾

用线头和正面缝合的方法（见第 20 页）将围巾两端缝合起来，形成围脖，注意不要将织物绞在一起。最后藏好线头。

T 恤线波蕾若坎肩

编织这款色彩缤纷的坎肩快速简单。结合了手臂编织的上针、下针，给作品增添了立体感，特别适合搭配夏装。

材料

- We Are Knitters 布质线（100% 可回收针织布质线）精纺线：1 团，每团 400 克，蓝绿色

成品尺寸

S 号——适合美国尺寸 2–4（英国尺寸 6–8）
M 号——适合美国尺寸 6–8（英国尺寸 10–12）
L 号——适合美国尺寸 10–12（英国尺寸 14–16）

制作时间

可以在 2 小时内制作好这款作品

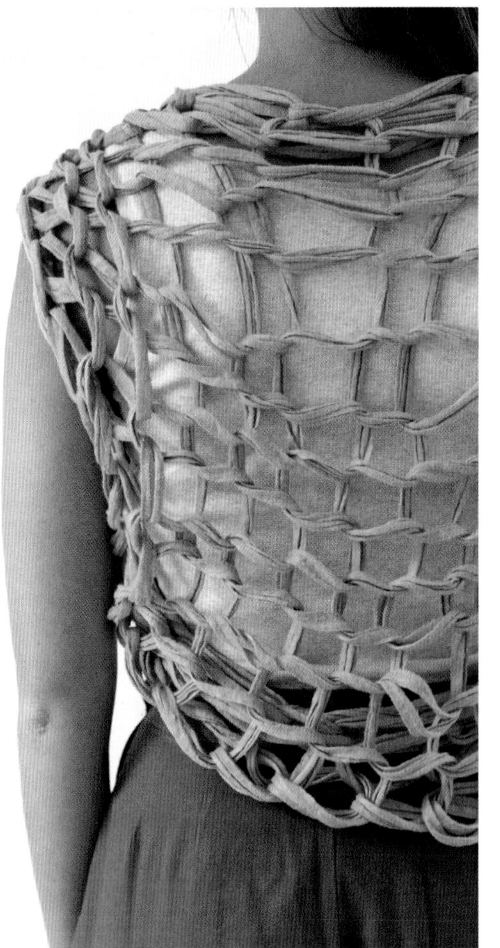

T 恤线波蕾若坎肩

用 2 股线，拉出一段 4(5，6) 个手臂长的线，起 12(14，16) 针。
第 1 行：全部织上针。
第 2 行：全部织上针。
第 3 行：织 2 针上针，8(10，12) 针下针，2 针上针。
第 3 行再重复编织 7(9，11) 次。
下两行：全部织上针。
收针。

制作和收尾

将织物背面朝上，沿着织物长度的方向，将两条较长的边折向中间对齐放在一起，从而对折织物。用线头和正面缝合的方法（见第 20 页）将两侧边的袖子部分的3行缝合在一起。最后藏好所有线头。

小贴士

虽然手臂编织不可能列出密度，还是可以通过增加或者减少起针数和行数来调整这件衣服的尺寸。不同尺寸的编织说明显示在括号内，按照 S 号 (M 号，L 号）顺序排列。若只有一种编织说明，则适用于所有尺寸。

个性化编织

若给 T 恤线再合 1 股色彩相配的马海毛线，会使成品更具女性气质，有一种既柔软又毛茸茸的感觉。

暖手捂

戴上这款有趣的暖手捂来战胜寒冷吧！这款暖手捂用时尚的松树纱线编织而成，复古风十足，非常引人注目。

材料

- Lion Brand 幻想线（40% 腈纶，30% 羊毛，30% 尼龙）极粗线：3 团，每团 40 克，约 7 米，色号 314 紫色（A）
- Lion Brand 手纺 Thick & Quick 线（88% 腈纶，12% 聚酯纤维）极粗线：1 团，每团 227 克，约 146 米，色号 437 白色（B）
- Lion Brand 松树纱线（100% 聚酯纤维）粗线：1 团，每团 50 克，约 58 米，色号 98 象牙色（C）

成品尺寸

宽 25 厘米

制作时间

可以用一个下午的时间制作这款作品

个性化编织

若要使成品更柔和，可以将松树纱线换成另外的粗线。

暖手捂

暖手捂

用 A 色线，拉出一段 4 个手臂长的线，起 8 针。

织 9 行下针。

收针。

线头留 245 厘米长。不需要剪断，因为还需要用这个线头来缝合和制作颈带。

内衬

分别用 2 股 B 色线和 2 股 C 色线合成 4 股线，拉出一段 6 个手臂长的线，用长尾起针法起 10 针。

织 8 行下针。

收针。

制作和收尾

将外层暖手捂和内衬反面相对放在一起，用内衬的线头依次连接内衬和外层暖手捂较短的一端。用外层暖手捂的长线头以及正面缝合的方法（见第 20 页）缝合外层暖手捂的两边，确保缝合时固定好内衬和外层。内衬可能会往外卷，导致两个短端的内衬露出来。

将剩余线头折成 3 段，编成整齐的辫子，做成颈带。在暖手捂的背面打结，并把颈带固定好。

小贴士

开始编织之前，将松树纱线分成 2 个重量相同的线团，确保松树纱线不会拧缠在一起。

覆盆子波纹披肩

将 2 针并针织下针，形成简单的减针，这样可以改变织物的形状。编织这款披肩的整个过程都要减针，包括每行的开始和结束部分都需要减针，这样织物会逐渐变窄，最终变成一点，形成一个三角披肩。

材料

- Katia Zanzibar 链条线（100% 腈纶）极粗线：4 团，每团 100 克，约 50 米，色号 0084 粉紫混合色
- 带舌钩针

成品尺寸

上颈部起针边 150 厘米

制作时间

可以在 1 小时内制作好这款作品

小贴士

藏线头时，若要使成品整洁，可以将 Katia Zanzibar 链条线拆开，形成细股线。然后将细股线线头打成细小的、几乎看不见的结，以固定好线头。

覆盆子波纹披肩

将 4 股线合成 1 股编织，拉出一段 10 个手臂长的线，用长尾起针法起 24 针。

第 1 行：全部织下针。（共 24 针）

第 2 行：织左下 2 针并 1 针（见第 13 页），织下针至还剩 2 针，织左下 2 针并 1 针。（共 22 针）

第 3 行：织左下 2 针并 1 针，织下针至还剩 2 针，织左下 2 针并 1 针。（剩 20 针）

第 4 行：织左下 2 针并 1 针，织下针至还剩 2 针，织左下 2 针并 1 针。（剩 18 针）

第 5 行：织左下 2 针并 1 针，织下针至还剩 2 针，织左下 2 针并 1 针。（剩 16 针）

第 6 行：织左下 2 针并 1 针，织下针至还剩 2 针，织左下 2 针并 1 针。（剩 14 针）

第 7 行：织左下 2 针并 1 针，织下针至还剩 2 针，织左下 2 针并 1 针。（剩 12 针）

第 8 行：织左下 2 针并 1 针，织下针至还剩 2 针，织左下 2 针并 1 针。（剩 10 针）

第 9 行：织左下 2 针并 1 针，织下针至还剩 2 针，织左下 2 针并 1 针。（剩 8 针）

第 10 行：织左下 2 针并 1 针，织下针至还剩 2 针，织左下 2 针并 1 针。（剩 6 针）

第 11 行：织左下 2 针并 1 针，织下针至还剩 2 针，织左下 2 针并 1 针。（剩 4 针）

第 12 行：织左下 2 针并 1 针，织左下 2 针并 1 针。（剩 2 针）

第 13 行：织左下 2 针并 1 针。（剩 1 针）

将线头穿入针迹中收针，拉紧线头，固定好。

制作和收尾

藏好所有线头，编织结束。

个性化编织

加一个装饰性的披肩扣是将披肩固定在肩膀上的最佳办法。要编织大号的披肩，可以增加 2~4 团线，增加起针数。起针数必须为偶数，减针方法不变。

简易坎肩型马甲

这款时尚的马甲采用最简单的结构编织而成，即使是刚入门的编织新手也能很快编织出来。

材料

- Rowan 粗羊毛线(100% 美丽诺羊毛) 极粗线：5 团（6 团，7 团），每团 100 克，约 80 米，色号 061 混凝土色
- 披肩扣（可选）

成品尺寸

S 号——适合美国尺寸 2-4（英国尺寸 6-8）
M 号——适合美国尺寸 6-8（英国尺寸 10-12）
L 号——适合美国尺寸 10-12（英国尺寸 14-16）

制作时间

可以用一个下午的时间制作这款作品

小贴士

不同尺寸的编织说明按照 S 号 (M 号，L 号) 顺序排列。若只有一种编织说明，则适用所有尺寸。

简易坎肩型马甲

后片

将 4 股线合在一起，拉出一段 4(5，6) 个手臂长的线，用长尾起针法起 7(9，11) 针。

织 16(18，20) 行下针。

收针。

侧片（编织 2 片）

将 4 股线合在一起，拉出一段 1.5(2，2.5) 个手臂长的线，用长尾起针法起 3(5，7) 针。

织 16(18，20) 行下针。

收针。

制作和收尾

依次编织每个织片，正面朝上，将后片和 1 片侧片连接起来。用正面缝合的方法（见第 20 页）从底部起针边开始往上缝合 31 厘米 (32 厘米，33 厘米)，形成侧面缝线的下半部分，然后从收针边开始往下缝合 23 厘米 (24 厘米，25 厘米)，形成侧面缝线的上半部分（肩缝）。用相同的方法将第 2 片侧片和后片的另一侧连接起来。然后藏好所有线头。

个性化编织

若想要编织稍微轻薄点的马甲，可以用较少股的线编织，成品也会更加松散。为了适合自己的体形，可以通过增加或者减少起针数和行数来改变衣服的尺寸。

连帽围巾

在一条经典的手臂编织围巾上加一个简单的帽子，感觉很温暖，再也不用担心会丢失帽子了。

材料

- Lion Brand 手纺线（98% 腈纶，2% 聚酯纤维）粗线：2 团，每团 170 克，约 169 米，色号 301 素色系混合

成品尺寸

从帽子顶部到围巾边长 112 厘米

制作时间

可以在 2 小时内制作好这款作品

连帽围巾

将线分成 6 个相同大小的线团。将 6 股线合在一起，拉出一段 3 个手臂长的线，用长尾起针法起 7 针。

织 44 行下针。

收针。

制作和收尾

对折织片，两个短边对齐。沿着折叠边一侧的 3 行连接起来，做成帽子，藏好线头。然后将其余线头藏好。

剪数根短线并对齐。将围巾上 3 根较长的线头打结，编成辫子，用辫子系住先前准备好的短线的一头，形成流苏。

个性化编织

如果要织成更粗或者更具立体感的效果，可以用桂花针编织，并按照上面的说明缝合。

多系法带扣围巾

这款简单的围巾装饰有极具个性化的大号纽扣，可以创造出多种不同的穿戴法和系法，特别适合你独特的风格。

材料

- Debbie Bliss Paloma 线(60% 小羊驼毛，40% 美丽诺羊毛) 极粗线：2 团，每团 50 克，约 65 米，色号 28 水蓝色
- 大号木质纽扣：4 颗
- 带舌钩针

成品尺寸

长 140 厘米

制作时间

可以在 1 小时内制作好这款作品

小贴士

通过增加 1~2 团线，按照相同方法编织，可以使围巾加长。围巾加长后会有更多时尚的穿戴方法呢！

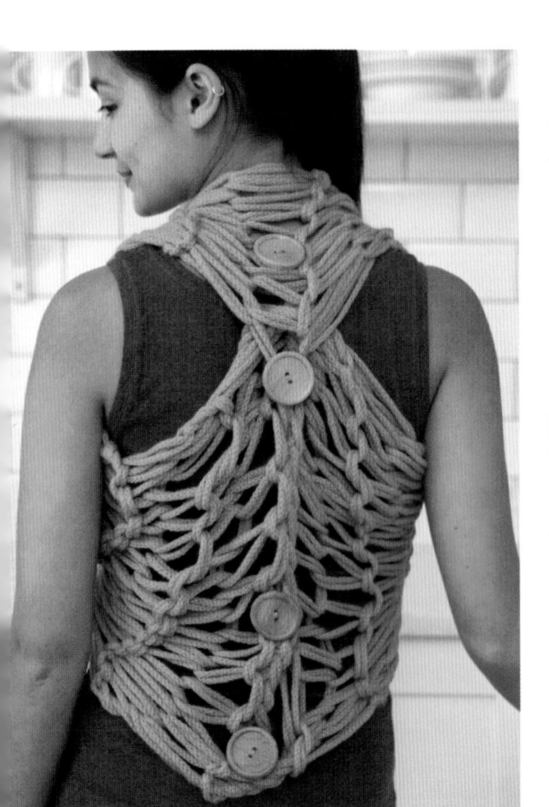

多系法带扣围巾

合 2 股线，拉出一段 3.5 个手臂长的线，用长尾起针法起 12 针。

第 1 行：全部织上针。

第 2 行：全部织下针。

第 1、2 行再重复编织 10 次。

收针。

制作和收尾

藏好所有线头。在收针边上用剪断的线头和带舌钩针均匀地缝上扣子，系牢。

时尚小披肩

这款甜美的小披肩特别具有女性气质。在夏天稍有凉意的夜晚，披上这款披肩来抵御凉意吧。

材料

- Fyberspates Scrumptious Aran 线（45% 丝，55% 美丽诺羊毛）精纺线：3(4，4) 团，每团 100 克，约 165 米，色号 408 玫瑰粉色（A）
- Fyberspates Scrumptious Aran 线（45% 丝，55% 美丽诺羊毛）精纺线：1 团，每团 100 克，约 165 米，色号 403 灰色 (B)

成品尺寸

S 号——适合美国尺寸 2–4（英国尺寸 6–8）
M 号——适合美国尺寸 6–8（英国尺寸 10–12）
L 号——适合美国尺寸 10–12（英国尺寸 14–16）

制作时间

可以用一个下午的时间制作这款作品

个性化编织

若想要把这款飘逸的女性化披肩织得更温暖些，可以采用更粗的线或者增加线的股数，针迹就会显得更厚实。

时尚小披肩

披肩

将 A 色线分成 4 个相同大小的线团，合成 4 股线，拉出一段 6(7，7) 个手臂长的线，起 24(26，28) 针。

第 1 行：全部织下针。

第 2 行：全部织下针。

只适用于 L 号：全部织下针。

下一行：减针行。织左下 2 针并 1 针（见第 13 页），织下针至还剩 2 针，织左下 2 针并 1 针。[剩 22(24，26) 针]

下一行：全部织下针。

下一行：减针行。织左下 2 针并 1 针，织下针至还剩 2 针，织左下 2 针并 1 针。[剩 20(22，24) 针]

接下来织 2(3，4) 行下针。

下一行：减针行。织左下 2 针并 1 针，织下针至还剩 2 针，织左下 2 针并 1 针。[剩 18(20，22) 针]

领子

第 1 行：全部织上针。

第 2 行：全部织上针。

只适用于 L 号：全部织上针。

收针。

系带

合成 2 股 B 色线，用 4 根手指编织（见第 18 页）一段长 220 厘米的织带，并收针。

制作和收尾

藏好系带的线头和披肩的线头。将披肩正面朝上，将系带来回穿在领子第 1 行的上针行上。沿着系带向外翻领子，并将系带沿着颈部系好。

小贴士

不同尺寸的编织说明按照 S 号（M 号，L 号）的顺序排列。若只有一种编织说明，则适用于所有尺寸。

时尚风帽

这款手臂编织的风帽可以随意披在颈部，也可以当作帽子戴在头上，还可以当作头巾绕在头部周围，非常温暖。

材料

- Lion Brand 手纺线（98% 腈纶，2% 聚酯纤维）粗线：1 团，每团 170 克，约 169 米，色号 301 素色系混合（A）
- Lion Brand unique 线（100% 腈纶）粗线：1 团，每团 170 克，约 100 米，色号 200 红色系混合（B）

成品尺寸

长 127 厘米；帽子圆周 53 厘米，最宽处 63.5 厘米

制作时间

可以在 1 小时内制作好这款作品

个性化编织

可试着加 1~2 股松树纱线，成品更显舒适奢华。

时尚风帽

用 2 股 A 色线和 2 股 B 色线合成 4 股线，拉出一段 1 个手臂长的线，用长尾起针法起 3 针。

第 1~4 行：全部织下针。

第 5 行：织 1 针放 2 针（1 针的前环和后环各织 1 针下针），织 1 针下针，织 1 针放 2 针。（共 5 针）

第 6 行：全部织下针。

第 7 行：织 1 针放 2 针，织 3 针下针，织 1 针放 2 针。（共 7 针）

第 8~16 行：全部织下针。

第 17 行：织左下 2 针并 1 针，织 3 针下针，织左下 2 针并 1 针。（剩 5 针）

第 18 行：全部织下针。

第 19 行：织左下 2 针并 1 针，织 1 针下针，织左下 2 针并 1 针。（剩 3 针）

第 20~23 行：全部织下针。

收针。

小贴士

通过织 1 针放 2 针（1 针的前环和后环各织 1 针）的方式加针，通过织左下 2 针并 1 针的方式减针，见第 13 页的详细说明。

制作和收尾

对折织物，正面朝上，将起针边和收针边对齐，用正面缝合的方法（见第 20 页）缝合起来。藏好剩余线头，系牢，整理好。

简约无檐帽

只用少量线，就能立即编织出一款保暖的无檐帽呢！

材料

- Rowan 粗羊毛线(100% 美丽诺羊毛) 粗线：1 团，每团 100 克，约 80 米，色号 061 混凝土色（A）
- Rowan 利马羊毛线（84% 小羊驼毛，8% 美丽诺羊毛，8% 尼龙）精纺（Aran）线：1 团，每团 50 克，约 110 米，色号 885 橙色（B）

成品尺寸

周长 50 厘米

制作时间

可以在 1 小时内制作好这款作品

小贴士

这款无檐帽具有弹性，你可以一边织一边套在头上比对尺寸。若想要织大些，可以增加起针数和行数。

简约无檐帽

将 2 股 A 色线和 3 股 B 色线合成 5 股线，拉出一段 1.5 个手臂长的线，用长尾起针法起 7 针。

织 8 行下针。

收针。

制作和收尾

对折帽子，将起针边和收针边对齐。用线头和正面缝合的方法（见第 20 页）缝合两侧边。藏好线头并系牢。将顶部整理成帽子的形状，就可以戴了。

个性化编织

可以换成更亮丽的颜色，更具个性特征。

手指编织

家居用品

下午茶餐具垫套装

用手指编织段染线，织成长带状，再折叠缝合，能制作出色彩缤纷的垫子，特别醒目。这些餐具垫和杯垫虽然很柔软，但很耐用，能为餐桌增添不少亮丽的色彩。

材料

- Sirdar Folksong 线（51% 羊毛，49% 腈纶）粗线：2 团，每团 50 克，约 75 米，色号 377 混合色
- 缝纫针和缝纫用棉线
- 定型板或者放在熨烫板上的可折叠毛巾
- 缝衣针

成品尺寸

餐具垫：25 厘米 ×20 厘米
杯垫：12 厘米 ×9 厘米
1 个线团能织 1 块餐具垫或者 5 块杯垫

制作时间

可以用一个周末的时间制作这些作品

下午茶餐具垫套装

餐具垫

用 2 根手指编织长 10.28 米的织带，大概用完一整团线。

杯垫

用 2 根手指编织长 186 厘米的织带。

个性化编织

若要编织大号餐具垫，可以用 2 股线编织，并增加织带长度，再固定为自己需要的餐具垫尺寸。

制作和收尾

餐具垫

把定型板或可折叠毛巾放在桌子上，展开织带。

用珠针固定一段长25厘米的织带，固定时切忌使劲拉伸织带，然后将织带折回，要保证织带上的针迹平直，再固定一段相同长度的织带。

这样重复折叠固定，直至织物的宽度为 20 厘米为止。

用缝纫针和缝纫用棉线，从一边开始缝合织带。从一条织带的针迹穿进去，再从另一条织带的针迹中穿出来，针迹间隔 2.5 厘米。将全部织带缝合好后，去掉珠针和定型板，藏好所有线头。

杯垫

将织带固定在定型板上，固定 12 厘米长，固定时切忌使劲拉伸织带，然后将织带折回，要保证织带上的针迹平直，再固定一段相同长度的织带。

这样重复折叠固定，直至织物的宽度为 9 厘米为止。用缝纫针和缝纫用棉线，从一边开始缝合织带。从一条织带的针迹穿进去，再从另一条织带的针迹中穿出来，针迹间隔 2.5 厘米。将全部织带缝合好后，去掉珠针和定型板，用缝衣针藏好所有线头。

小贴士

要确保手指编织的织物平直，针迹不能绞在一起，这样才能保证成品的平整，缝合时从织带的中间穿线，这样织物的正面便看不出缝线的痕迹。

航海水手结方枕

用这种超大号的航海水手结方枕给自己的家增添点儿个性化风格吧。

材料

- Rowan Tumble 线（90% 羊驼毛，10% 棉）极粗线：2 团，每团 100 克，约 70 米，色号 560 米白色（A）
- Katia 粗丝带线（50% 棉，50% 聚酯纤维）极粗线：1 团，每团 200 克，约 72 米，色号 22 海蓝色（B）
- 枕芯：边长 50 厘米

成品尺寸

边长 53 厘米

制作时间

可以用一个下午的时间制作这款作品

个性化编织

可以编织各种各样的水手结，制作成一系列的航海水手结靠垫、抱枕。

航海水手结方枕

枕套

将 2 股 A 色线合在一起，拉出一段 6 个手臂长的线，起 16 针进行手臂编织。

织 17 行下针。

收针。

航海水手结

用 2 根手指编织 B 色线，直到织带长 318 厘米，或者织完半团线为止。

收针。

按照相同方法再编织一条长 318 厘米的织带。

制作和收尾

枕套

在枕芯上对折手臂编织的枕套，用线头和正面缝合的方法（见第 20 页）缝合枕套的底部和两侧边，打结，藏线头。

航海水手结

对折 2 条手指编织的织带，取出 1 条，将对折的那端放在线头端的下面，形成一个线圈。拿出另一条织带，如图所示，将线头端放在第 1 条织带线圈的下面。然后将第 2 条织带的对折端放在第 1 条织带线头端的上面，再穿到第 1 条织带对折端的下面，接着再压着第 1 条织带线圈的上面，进入第 1 条织带的线圈，从第 2 条织带线头端下面穿入，再从第 1 条织带线圈的另一侧上面穿出来。

拉紧 2 条织带的线头端和对折端，从而使水手结更加紧实。

将水手结放在方枕的中间，织带线头放在方枕的背面，并穿插在手臂编织枕套的针迹中，用织带的线头固定好。

小贴士

要确保手指编织的 2 条织带长度相同，可先将线分成 2 个线团，再开始手指编织。

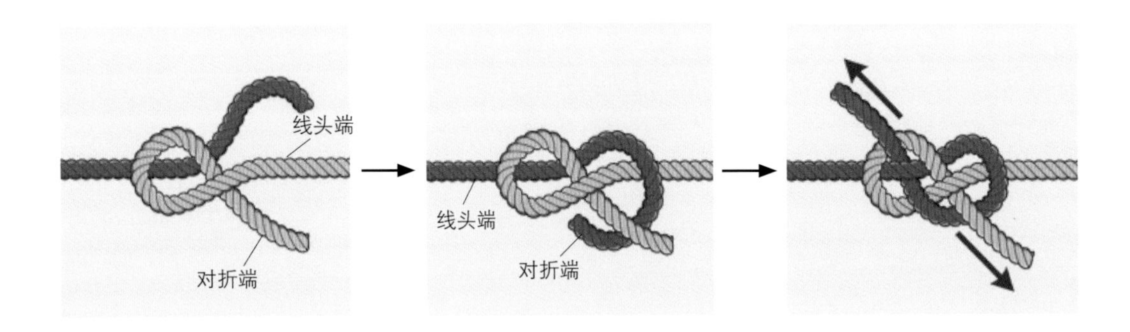

螺旋状浴室防滑垫

这款浴室防滑垫通过螺旋盘绕手指编织的织带制作而成，样式简单，却引人注目。可以在边缘加点装饰，成品会显得更活泼。

材料

- Katia 棉线（100% 棉）极粗线：3 团，每团 100 克，约 50 米，色号 51 奶油色
- 撞色绒球饰边：2 米长
- 缝纫针和缝纫用棉线
- 超强力胶水或者热喷胶剂
- 印花棉布
- 可熔性网状织物

成品尺寸

直径 46 厘米

制作时间

可以用一个周末的时间制作这款作品

个性化编织

可以用手指编织两种颜色的织带，将其连在一起，制作成尺寸更大、色彩更多样的螺旋状垫子。

螺旋状浴室防滑垫

用 2 根手指编织长 20 米的织带，大概需要 3 团线，每团线的线头用一个小结连接起来。

收针。

制作和收尾

从中间开始，将织带按螺旋状盘绕。不要把织带拉得太紧，否则垫子会缩在一起。一边盘绕一边用热喷胶剂或者手缝固定好，直到所有的织带都绕完为止，将织带尾部固定好。

将印花棉布、可熔性网状织物剪成和防滑垫相同的尺寸。将防滑垫反面朝上放在下面，印花棉布正面朝上放在最上面，可熔性网状织物夹在中间。按照制造商的操作说明用熨斗熨烫，让其自然冷却，可熔性网状织物会将其粘在一起。

将绒球饰边和织带的最后一圈用珠针固定在一起，固定时要确保绒球悬挂自如，不会和垫子缠在一起。固定好后用热喷胶剂或者手缝（针脚细密些）一点一点把绒球饰边和垫子连接在一起。

悬挂式心形装饰品

在下午制作一款简单而又惊艳的悬挂式装饰品，能为你的家增添一点儿可爱的气息。

材料

- Katia 粗棉线（63% 棉，37% 聚酯纤维）粗线：每色 1 团，每团 50 克，约 25 米，色号 51 奶油白色（A），色号 52 柠檬黄色（B）
- 缎带：98 厘米长
- 手工制作用金属丝

成品尺寸

可以根据自己需要的长度来改变作品的大小

制作时间

可以在 2 小时内制作好这款作品

个性化编织

制作不同尺寸的心形图案，或者用不同颜色的线编织，从而改变作品的外观。

悬挂式心形装饰品

用 A 色线和 2 根手指编织长 40.5 厘米的织带，拉紧系牢。

再用 A 色线重复织 1 条织带，用 B 色线织 2 条织带。

制作和收尾

依次编织每条织带，并用线头将每条织带连成一圈。藏好线头，并系牢。

在织带背面的中间处穿入手工制作用金属丝。扭紧金属丝头，并修剪整齐，金属丝头要隐藏在织带的里面。

仔细地将穿好金属丝的织带整理成一个心形图案。总共制作 4 个心形图案。

将一个 B 色线编织的心形图案放在底部，用缎带在心形图案顶部的中间绕圈并打结。

将 A 色线编织的心形图案往上排，在心形图案顶部的中间系紧缎带并打结。再将 2 个心形图案按照之前的颜色顺序系在缎带上。最后将剩余的缎带再折回心形图案顶部的中间，打一个结，从而制作成一个悬挂用的圈。

小贴士

金属丝要慢慢穿入手指编织的织带中，这样金属丝的尖头才不会伤了手指。将金属丝穿入织带背面的中间处，确保从作品的正面看不到金属丝。

实用置物篮

手指编织的织带用途非常广。这款制作简单迅速的置物篮色彩艳丽，极具个性化！

材料

- We Are Knitters 布质线精纺（Aran）粗线：每色1团，每团400克，黄色（A），橙色（B）
- 缝纫针和近似颜色的缝纫用棉线
- 超强力胶水或者热喷胶剂

成品尺寸

大篮子：26.5厘米×10厘米×9厘米
小篮子：20.5厘米×10厘米×9厘米

制作时间

可以用一个下午的时间制作这款作品

小贴士

若要简单快速地制作篮子，可以用少量超强力胶水或者热喷胶剂固定好织带，再用针缝好。缝纫线尽量和编织用线的颜色相近，这样就看不出缝纫的针迹了。

实用置物篮

大篮子

用A色线和2根手指编织长7.1米的织带，大概要用一整团的线。

将线头穿入手指上剩余的2个线圈，在织带尾部拉紧系好。

小篮子

按照大篮子的编织方法，用B色线和2根手指编织长5米的织带，拉紧系牢。

制作和收尾

大篮子

织带一端藏好线头，在一平面上摊开。量一段长17.5厘米的织带，并往回折，小心别将织带拧缠在一起。将织带从下面紧挨着最初折叠好的织带的另一面折叠，用少量超强力胶水或者热喷胶剂将织带固定好，并用缝纫针和近似颜色的缝纫线缝起来。按照这种方法连接织带，直至篮子底部的尺寸为10厘米×26.5厘米，轻轻地移动四角的织带，形成长方形。

PITT artist pen

将织带沿着篮子底部绕圈，形成篮子的侧面；用少量超强力胶水或者热喷胶剂固定好，再用针线缝紧。继续按照这种方法绕织带，直至侧面高度为 9 厘米并固定好。确保绕圈的层数相同。用织带的剩余线头固定好织带尾部。

小篮子

按照制作大篮子的方法制作小篮子，篮子底部尺寸为 10 厘米 ×20.5 厘米，侧面一层层往上绕，用胶水固定，再用近似颜色的缝纫线缝好，直至篮子高度为 9 厘米。最后用剩余线头固定好织带的尾部。

个性化编织

用不同长度的织带制作不同大小的篮子，或者用螺旋方式绕圈，制作超级大的碗状置物篮。

绒球花环

用漂亮的花环装饰房间超级棒，也可以用来布置聚会和庆祝活动场所。这款色彩缤纷的花环还非常容易编织！

材料

- Cascade 220 超耐洗线（100% 机洗美丽诺羊毛）精纺线：1 绞，每绞 100 克，约 200 米，色号 871 白色（A）
- Aracunia Puelo 线（100% 小美洲驼毛）轻薄精纺 DK 线：1 绞，每绞 100 克，约 210 米，色号 2276 混合色（B）
- 硬纸板
- 剪刀

成品尺寸

拉伸前长 193 厘米（含挂绳）

制作时间

可以用一个下午的时间制作这款作品

个性化编织

只要将手指编织的织带织长些，就能加大花环的尺寸，还要确保有足够量的绒球，每隔 17 厘米织带要系一个绒球。

绒球花环

花环织带

将 A 色线和 B 色线合在一起，拉出一段长 25 厘米的线，织挂绳。将线头放在左手手掌中，织线放在手的下面；将织线放在手背上面，绕食指一圈。

用 2 根手指，合 2 股线编织织带，直至织带长 142 厘米为止。将线头穿入手指上剩余的 2 个线圈，拉紧打结，系好。

再拉出一段长 25 厘米的线，织第 2 根挂绳，断线。

绒球

每隔 17 厘米在织带上系一个绒球，两种颜色的绒球交替排列。用 A 色线制作 5 个绒球，用 B 色线制作 6 个绒球。

从硬纸板上剪 2 个直径 5 厘米的圆，在圆形纸板中间各剪一个小孔。将两个圆圈叠在一起，将毛线从 2 块纸板的孔中穿过，绕着纸板环密密地缠绕，直至中间的孔封严实。将剪刀的尖头部分插入 2 个纸板中间，沿着外围剪线。然后剪一段长 15 厘米的线，穿过纸板环绕 2 圈，拉紧并打结，以固定好绒球。

小心地将绒球从纸板中移出，用剪刀修剪绒球的散线，留下一段长线，用来系在花环上。

制作和收尾

在距离织带起针端的 17 厘米处，将第 1 个绒球的线头穿入织带，打结固定好，然后剪去多余线头。每隔 17 厘米，用相同方法系上绒球，直至整条织带系完为止。

手指编织

穿戴用品

小贴士

要使分的 4 团线重量更加精确，可以将其放在电子秤上称。

见第 18 页 3 根或 4 根手指编织的步骤说明。

大蝴蝶结束发带

这款简易的头饰用手指编织的织带制作而成。用 3 根或 4 根手指编织不同宽度的织带，再制作成极具个性化的发带。

材料

- Louisa Harding Akiko 线（70% 美丽诺羊毛，30% 羊驼）精纺（Aran）粗线：1 团，每团 50 克，约 90 米，色号 016 薰衣草色（A）
- Louisa Harding Jesse 线（100% 棉）精纺（Aran）粗线：1 团，每团 50 克，约 89 米，色号 103 浅紫色（B）

成品尺寸

蝴蝶结尺寸：宽 12 厘米
发带尺寸：周长 49 厘米

制作时间

可以在 2 小时内制作好这款作品

个性化编织

如果你不喜欢戴束发带，这个蝴蝶结也可以装饰在发夹或者发卡上。也可以用宽边松紧带代替编织的束发带。若是换成丝质带子线来编织，做成的发饰会更加光彩照人。

大蝴蝶结束发带

蝴蝶结

将 4 股 A 色线合在一起，用 4 根手指编织长 35.5 厘米的织带。收针。

蝴蝶结中间环

将 4 股 A 色线合在一起，用 3 根手指编织长 10 厘米的织带。收针。

束发带

将 2 股 A 色线和 2 股 B 色线合成 4 股线，用 4 根手指编织长 49 厘米的织带。收针。

制作和收尾

对折蝴蝶结织带，用线头连成一个环形，并系牢。再将这个环形对折，并按平整，使缝线在环形背面的中间处。

对折蝴蝶结中间环织带，用线头连成一个环形，并系牢。将蝴蝶结织带穿入其中，并在中间处固定，在中间环的背面连接。用线头连接固定好，再剪去线头，并弄平整。

将手指编织的束发带穿入蝴蝶结中间处的中间环的背面，用线头将两端连接在一起。将接头部分滑到蝴蝶结的中心处，从而隐藏接头，并固定好，然后再连接，剪去接头，并弄平整。

多圈项链

仅用手指编织，就能把一整团粗线变成时尚的项链，非常引人注目。选一种粗线，用 2 根手指织出来的织带比较密实，非常适合制作这款粗项链。

材料

- Katia 粗棉线（63% 棉，37% 尼龙）极粗线：1 团，每团 50 克，约 25 米，色号 58 本白色（A）
- Drops 羊驼毛线（100% 羊驼）细线：1 团，每团 50 克，约 167 米，色号 2919 蓝色（B）
- 缝纫用棉线和缝纫针
- 缝衣针

成品尺寸

项链最长处 40 厘米

制作时间

可以在 2 小时内制作好这款作品

小贴士

用 2 根手指编织的方法详见第 16 页的步骤说明。

多圈项链

用 A 色线和 2 根手指编织长 300 厘米的织带，大概要用 1 团线。收针。

制作和收尾

在一平面上，将织带折成直径 24 厘米的圈，沿着第 1 个圈再做第 2 个圈，直径 30 厘米，然后再做第 3 个圈，直径 40 厘米。

将 3 个圈固定好，这样织带起针和收针的地方会在项链的同一边，3 个圈会平整地放在一起。

用线头连接起针和收针处，藏好线头，形成一个圈。

用缝纫针和缝纫用棉线在织带接头处缝几针，以固定好接头。再用缝纫针和缝纫用棉线在项链顶部 40 厘米处将 3 条织带平整地缝在一起，这是项链的后颈部分。

将 B 色线穿入缝衣针中，以细针迹缝进织带的接头部分，并打结。然后开始在接头部分绕线捆缠织带，绕成长 7.5 厘米的裹边。

绕好后，将 B 色线穿入缝衣针中，沿着裹边分散地缝细小的隐形针迹，针迹要穿入项链中。

个性化编织

按照自己的风格，换成其他颜色的线，用细皮条或者漂亮的印花布捆缠织带的接头部分，再缝起来固定好。

胸花

这款手指编织的胸花只需用少量线，制作简单快速。下午制作好后，晚上就戴着吧。

材料

- Cascade 220（100% 秘鲁高原羊毛）精纺（Aran）线：每色 1 团，每团 100 克，约 200 米，色号 9463 金色（A），色号 8863 淡紫色（B），色号 8951 水蓝色（C）
- 缝衣针
- 胸针扣

成品尺寸

直径 15 厘米

制作时间

可以在 2 小时内制作好这款作品

胸花

花芯

用 A 色线和 2 根手指编织长 10 厘米的织带。

收针。

以相同方法再用 A 色线编织 2 根长 10 厘米的织带。

花瓣

用 B 色线和 2 根手指编织 3 根长 89 厘米的织带。

用 C 色线和 2 根手指编织 1 根长 63.5 厘米的织带。

个性化编织

可在花朵的中心处手缝上珠子或者纽扣，给胸花增添一点儿魅力。

制作和收尾

用线头把 3 根 A 色线编织的 10 厘米长织带的一端打结，再编成辫子，将辫子尾部线头打结系好，修剪整齐。将辫子盘成螺旋状。再翻到反面，用线头穿入螺旋状织物中，打结固定，藏好线头。

用线头把 3 根 B 色线编织的 89 厘米长织带的一端打结，再编成辫子，将辫子尾部线头打结系好，修剪整齐。

将编好的织带折叠成 5 个相同的花瓣，用缝衣针和线头在中间均匀地缝合固定好。藏好剩余线头，打结，修剪整齐。

将 C 色线编织的织带折叠成 5 个相同的花瓣，用缝衣针和线头将花瓣固定好。藏好剩余线头，打结，修剪整齐。然后放在 B 色线花瓣的上面，用线头和缝衣针缝合固定好。藏好线头，修剪整齐。

将 A 色线花芯放在最上面，用线头和缝衣针缝上数针整齐的针迹固定好，确保每层花瓣和花芯都缝合好了。将花朵的背面放在胸针扣上，用线头在胸针扣的钩子背面缝合数针。藏好线头，打结，修剪整齐。

小贴士

这款作品只用少量线，所以你可以用每色 1 团线制作大量的胸花，作为礼物送给别人。你也可以用自己做别的东西剩下的线材制作这款胸花。

女士撞色手包

要制作适合自己风格的手包，可以用两种色彩艳丽的 DK 线编织织带，特别醒目。

材料

- Sublime 超细美丽诺 DK 线（100% 超细美丽诺羊毛）轻薄精纺 DK 线：2 团，每团 50 克，约 116 米，色号 361 宝蓝色（A）；1 团，每团 50 克，约 116 米，色号 349 黄色（B）
- 缝纫针和近似颜色的缝纫线
- 超强力胶水或者热喷胶剂
- 大号纽扣

成品尺寸

30.5 厘米 ×7.5 厘米 ×14 厘米

制作时间

可以用一个下午的时间制作这款作品

女士撞色手包

用 A 色线和 2 根手指编织长 14.5 米的织带，大约需要用 2 团线。

收针，系牢。

用 B 色线和 2 根手指再编织长 216 厘米的织带。收针，系牢。

个性化编织

要制作大号的手包，可以换成更粗的线编织织带。

制作和收尾

将A色线编织的织带一端藏好线头，并放在一平面上。量出一段长24厘米的织带，并往回折，小心别将织带拧缠在一起。将织带从下面紧挨着最初折叠好的织带的另一面折叠，用少量超强力胶水或者热喷胶剂将织带固定好，并用缝纫针和近似颜色的缝纫线缝起来。按照这种方法连接织带，直至手包底部的尺寸为30厘米 ×7.5厘米为止，轻轻地移动四角的织带，形成长椭圆形。

将织带沿着手包底部的外缘绕圈，形成手包的侧面；用少量超强力胶水或者热喷胶剂固定好，再用针线缝紧。继续按照这种方法绕织带，直至侧面高度为11.5厘米为止，要确保绕圈的层数相同。然后接上B色线织带。用相同方法沿着手包上半部分再绕3圈侧面，在手包的背面中间停止绕线，留一段长23厘米的织带，用来打结。

将大号纽扣放在手包的前面中间处，并用缝纫针和缝纫线缝好。

将留出的那段织带折叠成扣环，并用线头牢牢地固定在手包的背面。

小贴士

制作手包时，粘少许胶水在手指编织的织带上，不仅能使织带连接更容易，也有助于手包成形。

Gabriel Chevallier
J. D. Salinger
The Catcher in the Rye
P. G. Wodehouse
Walter Starkie
The Comforters
McCullers
The Member of the Wedding
Peter Branscombe
The Penguin Poets
PENGUIN
PARA BILBAO MADRID
BARCELONA Y VALENCIA
PONGA Nº DISTRITO POSTAL
KOLORHAM
Patricia Noone
ZARAGOZA

多圈手镯

这款色彩缤纷的三合一布质手镯分别用 2 根、3 根、4 根手指编织成不同的大小，戴在手上，极富个性。

材料

- We Are Knitters 布质线精纺（Aran）粗线：少量，秋香绿色（A），蓝绿色（B），粉色（C）

成品尺寸

手镯内周长 17 厘米

制作时间

可以在 1 小时内制作好这款作品

小贴士

布质线弹性很大，因此必须根据手腕大小来测量织带的长度——织带要紧贴在手腕上，这样手镯才不会滑掉。

多圈手镯

细带手镯

用 A 色线和 2 根手指编织长 22.5 厘米的织带，或者一直编织到织带长度刚好能紧紧绕你的手腕一圈为止。

将线头穿入手指上剩余的 2 个线圈中，在织带尾部拉紧打结，系好。

中等宽度手镯

用 B 色线和 3 根手指编织长 22.5 厘米的织带，或者一直编织到织带长度刚好能紧紧绕你的手腕一圈为止。

将线头穿入手指上剩余的 2 个线圈中，在织带尾部拉紧打结，系好。

粗带手镯

用 C 色线和 4 根手指编织长 22.5 厘米的织带，或者一直编织到织带长度刚好能紧紧绕你的手腕一圈为止。

将线头穿入手指上剩余的 2 个线圈中，在织带尾部拉紧打结，系好。

制作和收尾

依次将起针的线头穿入收针处并打结；再将收针的线头穿入起针处并打结，从而将织带连成环状。按照这个方法将 3 条织带都做成手镯。然后将线头藏入织带中，修剪整齐。

个性化编织

可通过调整织带的长度来编织个性化手镯，一边织一边根据手腕的大小来测量织带的长度，从而得到最合适的尺寸。

串珠皮质项链

用细皮绳和手指编织织带，再穿些精心挑选的玻璃珠，能制作出特别吸引人的项链饰品。

材料

- 天然鞣革皮绳：直径 1 毫米，220 厘米长
- 各种颜色和大小的玻璃珠

成品尺寸

这款项链设计的活动结，可以帮助你随意调整项链的长短

制作时间

可以用一个下午的时间制作这款作品

串珠皮质项链

在一平面上摊开选好的珠子，可以对称排列，也可以随机排列。在皮绳尾端系一个大活结，这样能防止珠子滑落。然后按照自己喜欢的顺序将珠子穿入皮绳中。

珠子穿完后，拉出一段长 35.5 厘米的皮绳，作为调整项链长度的带子，并系好。

从皮绳尾端开始，用 2 根手指编织织带。编织的同时，将一颗珠子滑入针迹中。继续这么沿着珠子编织，一边织一边把下一个珠子滑入下一针迹中，并固定好珠子。

按照这种方式继续编织，直至穿完所有珠子，织带长 20 厘米为止。留一段长 35.5 厘米的皮绳，作为第 2 段调整项链长度的带子，并系好。

将线头穿入手指上剩余的 2 个线圈中，在织带尾部拉紧打结，系好。

个性化编织

这款项链用许多极富个性化的大号珠子装饰，非常漂亮。若想要含蓄低调些，可以换成小号珠子，或者同一样式的珠子，或者单色的珠子。

小贴士

大胆尝试不同颜色的珠子，能让这款独特的设计特别醒目。可以试着选择同一色系深浅不同的珠子，中间再穿插与这种色系撞色的珠子，使设计尤为醒目。

制作和收尾

将项链两头的皮绳分别称为 A 段和 B 段。以 B 段为轴，将 A 段绕 B 段（轴线在下）做一个较大的线圈，然后用 A 段缠绕这个圈和 B 段 3 圈，要绕紧些。然后将 A 段从之前较大的圈中穿出，并拉紧固定好。这样便形成一个活动结。以相同方法制作另一端的活动结，再剪去每个结上多余的线头。滑动两个结，以拉长项链，戴在颈部，再滑动两个结，按照自己的喜好来缩短项链的长度。

链条围巾

将手指编织的织带连接起来，制成链条围巾，俏皮可爱，特别适合春天戴。

材料

- Sublime 超细美丽诺羊毛 DK 线（100% 超细美丽诺羊毛）轻薄精纺 DK 线：每色 1 团，每团 50 克，约 116 米，色号 373 深橘色（A），色号 362 深蓝色（B）
- 缝衣针

成品尺寸

长 190.5 厘米

制作时间

可以用一个下午的时间制作这款作品

小贴士

要使成品更整洁，每根手指编织的织带长度要完全相同，这样链条环才会更加均匀。

链条围巾

将 2 股 A 色线合在一起，用 2 根手指编织长 20 厘米的织带。

收针。

按照相同方法再用 A 色线编织 14 根长 20 厘米的织带，总共 15 根织带。

将 2 股 B 色线合在一起，用相同方法编织 3 根长 20 厘米的织带。

制作和收尾

将 1 根 A 色线织带折成环形，用线头在两端缝上两三针整齐的针迹，再打结，藏好线头，修剪整齐。将另一根 A 色线织带穿入刚做好的环中，并按照相同方法连接成环形。按照相同方法再穿入 10 个 A 色线环，然后再穿入 3 个 B 色线环，最后以 3 个 A 色线环结束，这样便做成一串环形圈。

个性化编织

将两色线合在一起编织每根织带，可织成 AB 色链条围巾。

供应商

本书的作品是用精选的漂亮毛线编织的——下面是供应商的资料，请开始你的手臂编织和手指编织之旅吧。

毛线品牌

Aracunia
www.knittingfever.com
www.designeryarns.uk.com

Cascade 220
www.cascadeyarns.com
www.loveknitting.com

Debbie Bliss
www.designeryarns.uk.com
www.knittingfever.com

Fyberspates
www.fyberspates.co.uk
www.fyberspatesusa.com

Hoooked Zpagetti
www.dmccreative.co.uk
www.hoooked.nl/uk

Katia
www.katia.com
www.knittingfever.com

Lion Brand
www.lionbrand.com
www.deramores.com

Louisa Harding
www.knittingfever.com
www.designeryarns.uk.com

Rowan
www.knitrowan.com
www.jimmybeanswool.com

Sirdar
www.sirdar.co.uk
www.knittingfever.com

Sublime
www.sublimeyarns.com
www.knittingfever.com

We Are Knitters
www.weareknitters.com

非毛线供应商

Ikea
www.ikea.com

Fusible webbing
www.vilene-retail.com

CHARLOTTE BRONTE
JANE EYRE

致谢

写这么一本充满创意和灵感的书，一直是个激动人心的挑战。许多人都为这本无针编织作品集的问世付出了很多。

首先，非常感谢我的丈夫——约翰·斯特拉特，感谢他的艺术大分、他解决问题的能力以及他坚定的支持。特别感谢我的妈妈——安妮·斯泰尔斯，她教我爱上编织（用棒针！），为我的创造力提供了坚实的基础。

感谢为这本书提供精美毛线的供应商品牌：Lion Brand，We Are Knitters，Katia Yarns，DMC，Designer Yarns，Cascade Yarns，Fyberspates 和 Rowan。

最后，大力感谢 CICO BOOKS 的辛迪·理查兹和佩尼·克雷格同意出版这么一本奇妙、有趣、时尚的编织书，感谢他们一直以来的热情支持，和他们合作真是太愉快了！

First published in the United Kingdom
under the title Arm & Finger Knitting
by CICO,an imprint of Ryland and Peters & Small Limited
20-21 Jockey's Fields
London WC1R 4BW

备案号：豫著许可备字 -2015-A-00000157

图书在版编目（CIP）数据

只用手臂和手指！无针编织时尚单品35款/（英）劳拉·斯特拉特著；李玉珍译.—郑州：河南科学技术出版社，2016.6
ISBN 978-7-5349-8113-5

Ⅰ.①只…　Ⅱ.①劳…　②李…　Ⅲ.①手工编织-图集　Ⅳ.①TS935.5-64

中国版本图书馆CIP数据核字（2016）第121340号

出版发行：河南科学技术出版社
地址：郑州市经五路 66 号　　邮编：450002
电话：（0371）65737028　65788613
网址：www.hnstp.cn

策划编辑：李　洁
责任编辑：孟凡晓
责任校对：窦红英
责任印制：张艳芳
印　　刷：北京盛通印刷股份有限公司
经　　销：全国新华书店
幅面尺寸：210 mm×280 mm　　印张：7　　字数：200 千字
版　　次：2016 年 6 月第 1 版　　2016 年 6 月第 1 次印刷
定　　价：39.80 元

如发现印、装质量问题，影响阅读，请与出版社联系并调换。